JOURNAL

D'UNE EXPÉDITION

ENTREPRISE DANS LE BUT D'EXPLORER LE COURS ET L'EMBOUCHURE

DU NIGER.

I.

IMP. DE DEZAUCHE, FAUB. MONTMARTRE, N° 11.

JOURNAL

D'UNE EXPÉDITION

ENTREPRISE DANS LE BUT D'EXPLORER LE COURS ET L'EMBOUCHURE

DU NIGER,

OU

RELATION D'UN VOYAGE SUR CETTE RIVIÈRE

DEPUIS YAOURIE JUSQU'A SON EMBOUCHURE;

PAR RICHARD ET JOHN LANDER;

TRADUIT DE L'ANGLAIS

PAR

Mme LOUISE SW.-BELLOC.

« Voir c'est avoir ! allons courir !
Vie errante
Est chose enivrante ;
Voir c'est avoir : allons courir !
Car tout voir, c'est tout conquérir. »
BÉRANGER.

TOME PREMIER.

PARIS,

PAULIN, LIBRAIRE-ÉDITEUR,

PLACE DE LA BOURSE.

1832.

Adresse au Public.

C'est avec une grande défiance que nous nous hasardons à publier nos imparfaits travaux. Nous savons que, comme style, comme arrangement, cette narration a des défauts nombreux ; mais nous savons aussi que nous serons jugés par un public anglais, et nous nous en remettons avec une entière confiance à sa candeur et à sa générosité. Sûrement, quand nos compatriotes penseront aux désavantages contre lesquels nous avons eu à lutter, aux obstacles qu'il nous a fallu vaincre, ils n'exerceront pas sur le résultat de nos efforts une critique trop sévère.

Un vieux poète attribue à ses malheurs les défauts de sa poésie, et dit que les bons vers ne coulent que d'une âme calme et sereine. Peut-être pouvons-nous offrir la même excuse pour nos imperfections. Quoique nous ayons rarement parlé de nos souffrances, pendant presque tout le cours de ce long et pénible voyage, nous avons été, tous deux, plus ou moins malades. Fort peu de jours après notre arrivée à Badagry nous commençâmes à ressentir les effets énervans du climat de l'Afrique, et à éprouver une langueur telle que le plus ardent enthousiasme ne pouvait en triompher. Il est presque inutile d'ajouter que souvent notre courage et notre disposition morale fléchirent sous cette influence funeste, que nous n'avions aucun moyen de combattre, et qui faisait chaque jour de nouveaux ravages dans notre constitution.

Nous soumettons donc humblement au public la relation suivante, sans chercher à atténuer les défauts de style ou d'expressions qui s'y peuvent rencontrer. Le récit a du moins le mérite d'être fidèle, car notre journal a été constamment écrit sur le lieu même, et à la fin de chaque jour; et dans toutes nos observations, nous avons scrupuleusement et religieusement adhéré à la vérité.

Il nous reste à ajouter que, depuis notre retour dans notre pays natal, nous n'avons fait aucun changement, ni introduit une seule phrase dans le manuscrit original de nos voyages; et cela parce qu'on nous a dit que le public préférerait notre récit dans sa simplicité première, tout défectueux qu'il pût être, à une relation plus soignée, mais qui, en devenant plus élégante, pourrait perdre quelque chose de son exactitude et de sa vivacité de description.

Nous croyons cependant devoir dire que la tâche de fondre nos journaux en un seul, et de dresser la carte de notre route à travers le pays, a été entreprise par le lieutenant Becher, de la marine royale, à qui nous offrons ici nos sincères remercîmens, non-seulement pour la peine qu'il a bien voulu prendre, mais aussi pour son aide amicale, et pour ses excellens avis sur tout ce qui se rattache à la publication de ces volumes.

RICHARD et JOHN LANDER.

Londres, février 1832.

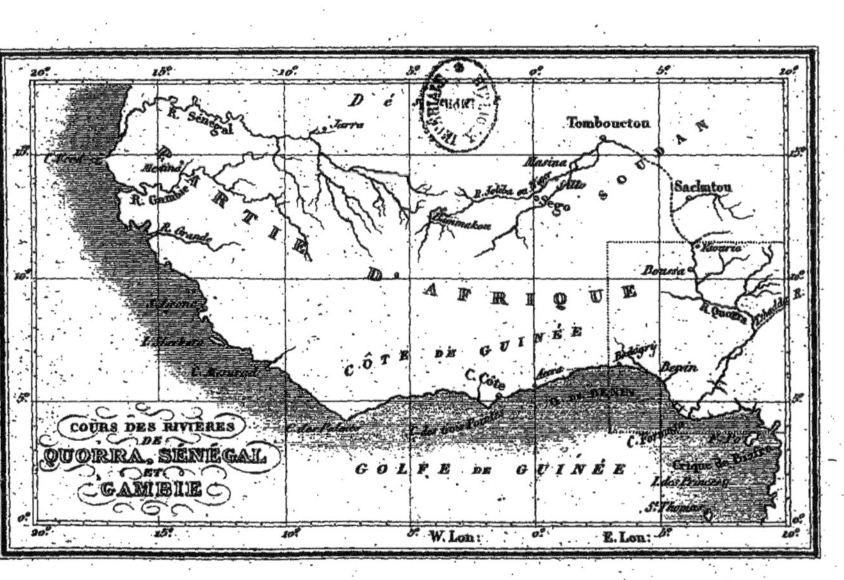
COURS DES RIVIÈRES
DE
QUORRA, SÉNÉGAL
ET
GAMBIE
R. Sénégal
Jarra
Tombouctou
SOUDAN
Masina
R. Joliba ou Niger
Sego
Sackatou
R. Gambie
R. Grande
PARTIE D'AFRIQUE
Bammakou
Boussa
R. Quorra
CÔTE DE GUINÉE
C. Côte
Badagry
Benin
C. Mesurado
C. des Palmes
C. des trois Pointes
B. DE BENIN
C. Formosa
GOLFE DE GUINÉE
Crique de Biafra
I. des Princes
St. Thomas
W. Lon:
E. Lon:
20°
15°
10°
5°
0°

INTRODUCTION.

Parmi les nombreuses acquisitions que la géographie a faites depuis la restauration des lettres et l'extension donnée au commerce, peu ont été le résultat d'un projet arrêté, quelque bien conçu qu'il pût être, ou de tentatives directes suivies avec persévérance. La découverte de l'Amérique est, à la vérité, un admirable exemple du succès le plus inouï, couronnant, grâce à d'héroïques efforts, les rêves d'une imagination créatrice; l'ardeur que l'Angleterre a mise dans sa persistance à chercher à découvrir et à déterminer le cours entier du Niger, et les renseignemens obtenus enfin dans ce dernier voyage, peuvent bien être cités aussi parmi les illustres preuves de ce que peut la persévérance.

Les obstacles qui viennent du climat doivent être considérés comme les plus formidables entre tant de difficultés qui sont le lot ordinaire des voyageurs. Les dangers immédiats, mais d'une nature fugitive, quelque éminens qu'ils soient, ne peuvent être mis en balance avec l'action secrète et continuelle d'un climat malsain, et nul climat n'est plus connu pour ses funestes effets sur les Européens que celui de l'Afrique. C'est donc là la principale cause de la lenteur de nos découvertes dans cette partie du monde. Pendant que d'autres contrées plus reculées encore de l'Europe civilisée, accueillaient et récompensaient par de riches dons les recherches des savans voyageurs, l'Afrique, avec son climat destructeur, et ses peuplades perfides, les rejettait loin d'un sol inhospitalier.

Tant qu'un fait se dérobe à la connaissance de l'homme, celui qui cherche à le découvrir supplée à ce qu'il ignore par des conjectures plus ou moins rapprochées de la vérité. Ainsi les hypothèses sur le Joliba, la Quorra ou Niger, furent aussi nombreuses que diverses. L'embouchure de cette rivière était entièrement inconnue avant la fin de cette dernière expédition; et certainement nul problême géographique, excepté peut-être celui du célèbre passage du Nord-Ouest, n'a donné naissance à des théories plus opposées, ou n'a mis en mouvement les esprits de plus de savans. « Depuis la première découverte du Joliba par Mungo Park, on a assigné au cours ultérieur et à l'embouchure de cette rivière tous les points du compas, » dit un rédacteur de la *Quarterly Review*, qui est regardé, à juste titre, comme le soutien et l'avocat éclairé de toutes les explorations des pays inconnus; et il ajoute que, quelque fausses que se soient trouvées les conjectures géographiques, elles ne doivent pas être considérées comme inutiles et oiseuses : les théories qui s'écartent le plus de la vérité servent à exercer l'imagination et le pouvoir de raisonnement, et à maintenir, dans toute sa vivacité et son ardeur, cet esprit de recherches, cette soif de science, qui amènent les découvertes. Sans ce véhicule, celle qui vient de s'effectuer aurait peut-être été reculée de plusieurs années.

Il y a une grande variété dans les opinions des géographes les plus instruits et les plus érudits des premiers âges de l'histoire sur tout ce qui concerne cette rivière, au cours douteux et caché. Hérodote, emphatiquement appelé le père des historiens, raconte, dans sa géographie de l'Afrique, que plusieurs jeunes Nasamoniens (peuple qui habite au nord de l'Afrique sur les bords de la Méditerranée), partis de l'Égypte, voyagèrent dans la direction occidentale jusqu'à ce que, arrivés à une rivière large et pleine de crocodiles, qui coulait vers le soleil levant, ils furent conduits par les naturels à une ville considérable, située sur les rives de ce fleuve. La difficulté était de faire concorder la route de ces voyageurs et leur récit avec ce qui est connu de la rivière récemment découverte et de la partie de l'Afrique dans laquelle elle coule. L'écrivain que nous avons déjà cité, et dont l'opinion a d'autant plus de poids que ses connaissances dans la topographie africaine sont plus étendues, prétend que jamais ces jeunes voyageurs, en se dirigeant précisément à l'ouest de Bilma, endroit de l'Égypte d'où on les croyait partis, n'ont pu, comme on le suppose, rencontrer la Quorra et lui donner le nom de Niger. La difficulté qu'il y avait, en ces temps reculés, à déterminer d'une façon précise l'ouest d'un lieu quelconque, donne sujet de douter que la route ait été si directe, et il paraîtrait presque impossible que ces anciens voyageurs n'eussent pas dévié au nord ou au sud. Cette question a été traitée par le lieutenant-colonel Leake, dans un volumineux mémoire lu à la Société de géographie, à la première séance de cet hiver. Le colonel démontre qu'en s'écartant très-peu au sud, à mi-chemin entre l'ouest et le sud-ouest de Bilma, les voyageurs ont pu arriver à la Quorra; et il croit que la ville dans laquelle ils furent conduits n'était autre que Tombouctou.

A cette époque peu avancée, environ cinq cents ans avant l'ère chrétienne, quand le Nil, dans sa majestueuse grandeur, attirait seul l'attention des anciens écrivains, ils devaient naturellement conclure que la rivière qui, selon les voyageurs nasamoniens, descendait de l'ouest, allait se joindre à l'une des hautes branches du Nil; d'autant plus que ce fleuve, en son commencement, coule aussi de l'ouest. De là vint cette première erreur, promulguée par Hérodote, qui, du Niger, faisait une des sources les plus reculées du Nil. Les découvertes subséquentes, en prouvant qu'Hérodote connaissait remarquablement bien la géographie de l'Afrique, pour la période à laquelle il écrivait, donnèrent encore du poids à cette assertion, bien que cette fois le vieil historien eût pu tomber dans l'erreur.

Strabon parle peu du Niger, mais Pline s'en occupe beaucoup. Après l'avoir conduit dans une direction orientale, depuis sa source, dans la basse Mauritanie, à travers des déserts de sable, coulant quelquefois dessus, souvent disparaissant au-dessous, il le fait se joindre au Nil d'Égypte; et son opinion, conforme à celle d'Hérodote, ne fait qu'une seule et même rivière du Niger et du Nil.

Le plus raisonnable des géographes de ce temps-là, Mela, presque d'accord avec tous les autres quant à la source du Niger, après l'avoir fait couler de l'ouest à l'est, reconnaît, avec une louable candeur, qu'une fois que ce fleuve est parvenu au centre du continent, personne ne sait ce qu'il devient. Il repousse justement comme fabuleuse l'idée qu'il puisse couler sous les sables, et attribue cette hypothèse à l'ignorance où l'on est des différentes parties de son cours.

Ptolomée rompit le premier le lien imaginaire qui unissait le Niger au Nil; il n'avait malheureusement aucune connaissance des lieux pour appuyer ses prétentions à décrire le cours du premier de ces fleuves; aussi ce qu'il en dit est-il si vague qu'il est même difficile de déterminer nettement quelles sont ses suppositions. Il se conforme à l'opinion la plus ancienne, quant à la direction générale, et de plusieurs rivières n'en fait qu'une seule.

Tels étaient les récits confus des premiers géographes sur ce fleuve mystérieux, quand la dissolution de l'empire romain changea toutes les opinions par rapport au Niger, et les rendit de plus en plus incompréhensibles. Les Arabes qui débordaient sur tout le nord de l'Afrique, semblaient, par leurs habitudes errantes, bien plus en état que leurs prédécesseurs de donner des informations exactes et nombreuses. Effectivement, leurs récits éclaircirent la géographie du pays ; mais quant à ce qui regarde le Niger, ils ne sont pas plus heureux que leurs prédécesseurs. L'opinion d'Abulfeda et d'Edrisi, leurs plus célèbres géographes, diffère entièrement de celles des premiers écrivains. Au lieu de faire couler le Niger à l'orient, ils regardent sa source comme identique avec celle du Nil, et donnent aux deux fleuves le même nom. Ils supposent que, tandis que le Nil de l'Égypte court au nord dans la Méditerranée, le Niger traverse le continent entier en allant à l'ouest se jeter dans l'Océan Atlantique ou « Mer Ténébreuse », et, pour le distinguer du premier, ils le nomment le « Nil des Nègres ».

Il est difficile d'imaginer qu'une telle hypothèse ait pu un moment être admise : on conçoit bien plus facilement l'opinion qui fait couler la rivière à l'est, une partie considérable de son cours, toute celle qui a été, selon toute vraisemblance, connue des anciens, étant indiquée dans cette direction : aucune partie du Niger ne coulant à l'ouest, excepté celle qui avoisine le Delta, il faut nécessairement que les Arabes aient eu en vue quelqu'autre rivière.

L'état de l'Europe à cette époque était mal calculé pour jeter quelque lumière sur cette intéressante question, et par conséquent elle restait négligée et ensevelie dans l'obscurité. Enfin les découvertes maritimes promirent d'achever ce qui ne pouvait être obtenu par d'autres moyens ; et les Portugais, en cherchant à étendre leur commerce sous les auspices et avec les encouragemens de leurs souverains éclairés, agrandirent au quinzième siècle nos connaissances sur la topographie de l'Afrique. Dans leur désir d'accroître leurs conquêtes de l'Inde, forcés de suivre les côtes de ce continent, ils y fondèrent successivement plusieurs comptoirs, d'où les découvertes s'étendirent à l'intérieur.

Léo Africanus, de Grenade en Espagne, versé

dans la littérature orientale, fit aussi couler le Niger vers l'ouest. Il ne différait des Arabes que sur la source qu'il plaçait à l'ouest de celles du Nil. Il prenait le Niger pour l'écoulement d'un lac situé au sud de Bornou, d'où il descendait, selon lui, à l'ouest, jusqu'à l'Océan Atlantique. Les Portugais, en explorant les côtes occidentales de l'Afrique, trouvèrent successivement les bouches du Sénégal et des rivières de Gambie et de Rio Grande. La situation de ces embouchures favorisait l'hypothèse qui fait couler le Niger à l'ouest, et on les regardait d'abord comme les canaux par lesquels il se déchargeait dans l'Océan Atlantique.

Les correspondances des Portugais avec les naturels du Sénégal et du royaume de Gambie, et leur communication avec Tombouctou, ne suffirent point pour les éclairer sur cette erreur, qui se perpétue dans toutes leurs cartes. On peut cependant noter ici une circonstance remarquable sur la position de Tombouctou. Cette ville est placée assez près de la mer pour faire présumer qu'elle est la même que celle sur le Niger; une autre ville nommée Tamboucanie, sur le Sénégal, est probablement celle que les Portugais désignent sous le nom de Tombouctou. Au total, quoiqu'on ne puisse douter que les

Portugais n'aient obtenu bon nombre d'informations sur le Niger, ils paraissent en avoir tiré peu de parti.

De tous ceux qui se sont occupés de l'Afrique, les géographes français De Lisle et d'Anville sont ceux qui ont montré le plus d'intelligence et de réflexion. De Lisle, dans sa Carte du Monde, année 1700, adopte le cours assigné au Niger par les Arabes, et le conserve dans une carte du Soudan ou de la Nigritie, publiée en 1745 (1), tandis que, dans une autre carte, sous la date de 1714, il donne à la fois les sources du Niger et du Sénégal, et fait couler le dernier à l'ouest, et le premier à l'est, ce qui rend extraordinaire qu'aussi tard que 1745, il soit retombé dans la vieille erreur. Que la séparation du Niger et du Sénégal à l'ouest soit ou non due à De Lisle, d'Anville l'adopte dans sa Carte d'Afrique de 1749. La source du Sénégal y occupe la même position que dans le travail de De Lisle, et celle du Niger est indiquée un peu plus à l'est. Chacun suit son cours réel, l'un à l'ouest, l'autre, c'est-

(1) De Lisle, mort en 1726, ne pouvait, en 1745, commettre une contradiction à ses travaux de 1714. L'auteur anglais aura sans doute été induit en erreur par une réimpression, non corrigée, des premiers travaux du géographe français, en 1700.

à-dire le dernier, à l'est, jusqu'à Wangara, où il rencontre un autre courant, venant dans la direction opposée. Le Niger, ou Nil des Nègres, est dessiné sur cette même carte, selon Édrisi, comme prenant sa source près de celle du Nil, et courant au nord-ouest jusqu'à ce qu'il se termine dans le lac de Bornou. D'Anville, à cette époque, étudiait à fond les questions relatives aux cours des rivières dans l'intérieur de l'Afrique, et, en 1755, il communiqua le résultat de son travail à l'Académie française.

La source du Niger, aussi bien que son cours, restèrent donc dans l'obscurité jusqu'au moment où les géographes et voyageurs anglais entrèrent dans la lice; alors une nouvelle ère de progrès a commencé pour la géographie africaine: et, à l'honneur de la Grande-Bretagne, une société de riches philantropes s'est formée, en 1788, dans le but exprès d'étendre les découvertes en Afrique. Les fonds nécessaires pour assister les voyageurs ont été fournis par ce corps savant, qui a cherché des hommes intelligens pour mettre ses desseins à exécution. Le premier, le principal objet qui occupa son attention fut la solution du grand problème sur le cours et l'embouchure du Niger, et une récompense fut promise à celui qui parviendrait à les déterminer.

La première personne envoyée pour cette mission, sous les auspices de la Société Africaine, fut M. John Ledyard, Américain, doué d'une extraordinaire passion de voyages. Il avait déjà fait le tour du monde avec le capitaine Cook, et supporté tout ce qui se peut endurer de fatigues et de privations dans un voyage qu'il fit en Russie, et qui, comme exploit d'un seul voyageur, n'a pas encore été égalé. Ledyard répondit aux désirs de la société par la promptitude de ses déterminations, et il partit pour l'Afrique en juin 1788. On peut se former une idée de cet homme extraordinaire, par ce qu'il écrivait à un ami le matin même de son départ : « Je suis accoutumé aux fatigues; j'ai connu la faim et la nudité, supportant tout ce qu'un homme peut souffrir. Je sais ce que c'est que de recevoir le pain de la charité, comme un fou mendiant, et j'ai été obligé de me cacher sous les livrées de la folie, pour éviter de plus grandes calamités. » Telles étaient les paroles de Ledyard, et ses actions y avaient répondu. Ses instructions étaient de pénétrer en Afrique par l'Égypte, et de traverser ensuite le continent à la latitude du Niger. Conformément à cet itinéraire, Ledyard atteignit le Caire au mois d'août suivant. Là, devenant impatient, et s'irritant des retards d'une caravane avec laquelle il devait voyager, son esprit inquiet s'abattit, se découragea par des obstacles contre lesquels l'énergie de corps ni d'âme ne pouvaient rien, et une maladie rapide termina sa carrière. Ledyard possédait à un degré éminent l'audace nécessaire dans ces entreprises; mais la patience lui manquait, et en Afrique c'est la qualité la plus essentielle à un voyageur.

Celui qui fut ensuite chargé d'explorer le Niger était M. Lucas. Son voyage, qui eut lieu l'année d'après, est remarquable par les progrès qu'il fit faire à la topographie de l'Afrique. Grâce aux informations que le voyageur obtint des Arabes, car il ne pénétra pas plus loin au sud que Mesurata, à cinq journées de Tripoli, le passage du Niger, dont il parle, et que, selon lui, les marchands du Fezzan traversaient deux milles au sud de Cassena, doit être, (en prenant en considération l'inexactitude des connaissances géographiques à cette époque), le bac de Comie, au-dessous de Boussa, ou celui de Rabba, dont il est question dans le *Journal des Lander*. Cependant, la description que fait M. Lucas du cours du Niger n'est pas confirmée par la découverte actuelle; seulement, ce qui rend extrêmement probable que ceux qui lui donnèrent des informations voulaient parler de l'un de ces deux passages qui forment le grand chemin à travers la rivière, c'est qu'ils ajoutèrent qu'après avoir passé ce bac les marchands trouvaient des noix de Goura, et poursuivaient leur route jusqu'à Achanti.

L'attention de la Société Africaine se dirigea alors vers la côte de l'ouest, comme offrant de plus grandes facilités que Tripoli pour pénétrer jusqu'au Niger. En 1791, le major Houghton, qui s'était familiarisé avec le caractère des Arabes pendant qu'il était consul anglais à Maroc, entreprit d'explorer le Niger; il remonta la rivière Gambie, et prit ensuite sa direction vers le nord, dans le Ludamar, sur les limites du grand désert. S'étant arrangé avec quelques marchands maures pour aller ensemble jusqu'à Tishit, il partit avec eux de Jarra, et, au bout de deux jours, suspectant leurs intentions, il se résolut à ne pas les accompagner plus loin. La conséquence fut la même : pillé et abandonné par eux, il mourut à Jarra, après avoir voyagé seul pendant plusieurs jours.

On n'avait encore que des notions vagues et peu satisfaisantes sur le cours du Niger, nul voyageur moderne n'ayant réussi à atteindre ses bords : le premier qui eut l'honneur de mener à bien cette hasardeuse entreprise fut le célèbre Mungo Park, Ecossais. En 1795, il avait offert ses services à l'Association Africaine : des connaissances en médecine et dans plusieurs autres sciences ajoutaient à son goût naturel pour les découvertes géographiques, et le rendaient plus propre encore à remplir cette mission. Ses offres étant donc acceptées, il partit pour chercher le Niger : suivant la route du major Houghton, il remonta la Gambie, et arriva promptement à Médina; là, quittant la rivière, il remonta encore plus au nord, et traversa la Faléhmé, tributaire du Sénégal, près de Fatteconda. Ayant aussi traversé le Sénégal et passé Kemmou, il arriva à Jarra, où il trouva les dernières traces du major Houghton : laissant Jarra, il prit sa route au sud sud-est; et, après avoir eu à supporter de grandes difficultés et des privations cruelles, par suite des guerres des naturels, il arriva enfin à ce Niger si long-temps désiré, et le vit couler de l'ouest à l'est. De Ségo, il continua son voyage, le long des rives, jusqu'à Silla, où, se trouvant épuisé de fatigues et privé de tout moyen de poursuivre, il se détermina à revenir; il regagna la Gambie par une route plus directe que celle qu'il avait suivie en allant, et arriva en Angleterre en décembre 1797. A Silla, dont il détermine la position à deux cents milles de Tombouctou, il réunit beaucoup d'informations; et le commencement du Niger fut enfin tracé sur la carte d'après les observations personnelles d'un voyageur moderne. Dans sa route, Park explora le Niger entre Bammakou et Silla, la première ville étant, d'après son estimation, à dix journées de distance de la source du fleuve.

Durant le séjour de M. Park dans l'Afrique occidentale sous le patronage de l'Association, M. W.-G. Browne traversait l'Egypte à ses frais, et voyageait à l'ouest, dans le Darfour, où il passa trois ans. Ses observations ne portèrent que sur l'Egypte, et il n'ajouta rien au peu que l'on savait déjà du Niger.

Une nouvelle théorie sur la direction et l'embouchure de ce fleuve s'établit alors; M. Park, après son retour, se rencontra avec un M. Maxwell, qui prenait autant d'intérêt à la rivière du Congo que Park en pouvait mettre à celle qu'il venait de découvrir; ces deux voyageurs se communiquèrent leurs observations, et finirent par conclure que les deux fleuves n'en faisaient qu'un; il y avait beaucoup à dire en faveur de cette décision. Park avait vu le Niger coulant de l'ouest à l'est, et d'après les récits des anciens, on supposait qu'il conservait encore plus loin cette direction, peut-être pendant un millier de milles à partir de Silla, où Park l'avait vu. Hors l'espace compris entre Bammakou et Silla, tout était conjectures; et il n'y avait rien de déraisonnable dans celle qui faisait dévier le Niger au sud-est, à partir de Wangara, le confondant avec le Congo, rivière alors également inconnue. Telle était l'opinion de Park, et bientôt après il agit en conséquence de cette idée.

Le cours de la rivière fut minutieusement étudié après le retour de Mungo Park, par le major Rennel, dont le nom doit être révéré de tous les géographes. Non-seulement il traça le cours du fleuve d'après les récentes découvertes du voyageur écossais, mais il se pénétra des diverses notions transmises par les anciens écrivains, et après un travail opiniâtre, il arriva à conclure que le Niger, après avoir passé à Tombouctou, coulait à l'est pendant un millier de milles, et se terminait dans un lac ou marais appelé Wangara, lequel recevait aussi les eaux d'une autre rivière venant de l'est. Cette opinion émise par un homme aussi consciencieux que le major Rennel, fut reçue avec confiance et prévalut généralement parmi les géographes. Cependant elle n'était pas complètement satisfaisante. Des doutes assez fondés s'élevaient sur la possibilité qu'un grand fleuve se perdît de cette manière. Mais les récits des anciens ne laissaient pas le moyen de lui assigner un autre cours.

M. Reichard, un Allemand, entretenait une toute autre idée sur le cours du fleuve, quoiqu'il s'accordât avec M. Rennel pour le faire couler à Wangara ; mais, de là, M. Reichard supposait que, se dirigeant au sud-ouest, il allait tomber dans le golfe de Guinée. On trouva dans le temps qu'il n'y avait de preuves ni pour appuyer, ni pour réfuter cette opinion. Jusqu'à Wangara, on s'étayait de l'autorité des anciens, au-delà, personne ne savait plus rien, et la théorie de M. Reichard demeura isolée. La nouvelle découverte a prouvé qu'il ne se trompait pas dans ses conjectures sur la terminaison du fleuve, bien qu'il partageât l'erreur générale, en lui faisant traverser le Wangara.

Le voyageur qui fut ensuite envoyé par la Compagnie Africaine était un Allemand, Horneman. Il pénétra dans le royaume du Fezzan, y recueillit beaucoup d'informations sur la géographie de l'Afrique, mais quant à la situation et au cours du Niger il ne découvrit rien de nouveau. Au mois d'avril 1800, il écrivit en Angleterre, disant qu'il était sur le point de partir pour Bornou, et depuis on n'a plus entendu parler de lui.

Un autre Allemand, nommé Roentgen, lui succéda, envoyé aussi par la Compagnie. Ses instructions étaient de se rendre de Mogador à Tombouctou. Il comptait accompagner à cet effet la caravane qui va de Maroc à cette ville, mais on suppose qu'il fut assassiné par un domestique d'un caractère suspect, qu'il avait pris à son service, contre l'avis de tous ceux qui connaissaient cet homme.

Les voyages de Buckhardt, faits aussi sous l'inspiration de la Société d'Afrique, ne jettent aucune lumière nouvelle sur le cours du Niger.

C'est ici que l'on peut encore faire observer une nouvelle ère dans l'histoire de la géographie africaine : ère, dès son commencement, marquée par beaucoup d'infortunes, suivies de la perte de vies précieuses, mais qui a enfin amené le résultat cherché durant tant de siècles. Depuis sa création, l'Association d'Afrique pouvait déjà s'honorer d'une découverte importante ; elle avait donné au monde le premier récit authentique d'une partie du cours du Niger, dû à des observations personnelles. Et c'était à l'aide de ses secours que Mungo Park avait exploré avec succès trois cents milles de ce fleuve qui attirait enfin l'attention du gouvernement britannique, occupé d'autres poursuites du même genre. Les voyages de Cook par mer avaient déjà reculé les bornes des connaissances géographiques sur presque tous les points du globe, et on ordonna une nouvelle expédition pour découvrir le cours et l'embouchure du Niger.

Ce projet fut communiqué à Park; avec son ardeur accoutumée il pressa ses préparatifs de départ. Il avait fait son plan, et pour le mettre à exécution il demandait l'assistance de trente-six Européens, six marins et le reste soldats. Son plan fut adopté, et une somme de cinq mille livres sterling fut mise à sa disposition par le gouvernement pour approvisionner l'expédition. Le projet de Mungo Park était de reprendre sa première route jusqu'au Niger, et, une fois parvenu sur ses bords, d'y construire deux vaisseaux pour son monde, et de suivre avec eux le cours du fleuve. Si le Niger tombait dans la rivière de Congo plus bas que Wangara, le voyageur ne mettait pas en doute qu'il ne descendît à la mer; mais s'il se terminait dans un lac ou marais, comme on le supposait généralement, alors on devait s'attendre à rencontrer beaucoup de difficultés. Jusque là, la découverte du Niger n'avait été tentée que par des voyageurs isolés, qui avaient essayé de parvenir à leur destination en se joignant aux caravanes. Mais ce second voyage de Park prenait un caractère tout-à-fait neuf, et il était naturel d'en espérer le succès.

Cependant cette expédition se termina d'une manière fatale, Park fut aussi infortuné que ceux qui l'avaient précédé, et la grande question du cours du Niger, qui semblait près de se résoudre, se trouva de nouveau obscurcie. Beaucoup d'informations sur le funeste destin de Park et de ses gens avaient été recueillies avant la relation des voyageurs actuels, qui les ont malheureusement confirmées. Après avoir fait face à des difficultés et à des dangers de tout genre, Mungo, avec seulement sept hommes, épuisés par le climat, et presque hors d'état de poursuivre, atteignit le sommet de la montagne, près de Bammakou, et put encore une fois voir le Niger. Là, il crut tous les obstacles surmontés, et poussa jusqu'à Sansanding, sur les bords du fleuve, quelques milles au-dessous de Sego. Il y construisit son vaisseau. Prêt à partir, vers le 7 novembre 1805, il dépêcha un de ses hommes, nommé Isaac, en Angleterre avec ses journaux et ses lettres. Ils n'étaient donc plus que cinq, car peu de jours auparavant Mungo avait perdu son beau-frère, M. Anderson, dont il est question dans le journal des Lander.

La forte détermination du voyageur de suivre le cours du fleuve jusqu'au bout est exprimée avec énergie dans une de ses lettres écrite de Sansanding. « Tous les Européens qui sont avec moi dussent-ils mourir, fussé-je moi-même à moitié mort, je persévérerais toujours; si je ne réussis pas à atteindre le but de mon voyage, au moins je mourrai dans le Niger. » Ces dernières paroles ne furent, hélas! que trop prophétiques. Il succomba, non à l'influence du climat, à laquelle il avait miraculeusement échappé, mais à un accident fortuit. L'histoire de Tantale n'est pas chose nouvelle, et plus d'une fois la coupe a fui nos lèvres au moment où nous goûtions la liqueur. Les informations qui suivirent cette lettre apprirent que Mungo Park, passant devant Boussa, avait été attaqué par les naturels, comme cela était arrivé plus d'une fois depuis qu'il s'était embarqué à Sansanding, et qu'on croyait qu'il avait été jeté par dessus bord et avait péri dans la rivière. Ce récit se trouve confirmé par le journal de nos voyageurs. Richard Lander apprit à Boussa que l'équipage de Park, qui consistait principalement en noirs, qu'il avait engagés, fut pris par les riverains pour des Fellahs, avec lesquels ils étaient alors en guerre; et le lit de la rivière se trouvait disposé de telle façon que le seul endroit où le vaisseau pouvait passer était tout-à-fait exposé aux attaques des naturels. Ces renseignemens et ceux que Richard Lander obtint à Yaourie, confirment le récit contenu dans un document arabe annexé à l'ouvrage de Denham, et qui mérite de trouver place ici.

« Fait à savoir que quelques Chrétiens venus à la ville de Yaourie, dans le royaume de Yaour, ont pris terre, et acheté des provisions, ognons et autres choses, et ont envoyé un présent au roi de Yaour. Ledit roi les a engagés à attendre jusqu'à ce qu'il leur eût dépêché un messager; mais ils étaient effrayés, et s'en sont allés par la mer (rivière). Ils sont arrivés à la ville appelée Bossa ou Boussa, et là leur vaisseau a frotté (frappé) contre un rocher, et ils ont tous péri dans la rivière.

« Ce fait est à notre connaissance, et la paix soit au bout. »

(*Note du traducteur.*) Une espèce de *post scriptum* est joint au document ci-dessus. Comme il est d'une autre main, à peine lisible et sans aucune orthographe, c'est avec quelque difficulté que je suis parvenu à en démêler le sens. Je crois cependant que les mots sont bien ceux dont je donne ici la traduction, en avouant que pour la plupart j'en ai été réduit aux conjectures.

« Et ils convinrent et décidèrent entre eux, et nageaient dans la mer (rivière), tandis que les hommes qui étaient avec eux (les poursuivant) paraissaient sur les côtes de la mer (les bords de la rivière), et tombèrent sur eux jusqu'à ce qu'ils allassent en bas (au fond). »

D'après l'extrait suivant, emprunté à un document du dernier journal du capitaine Clapperton, en Afrique, pag. 334, il paraîtrait que Park et son monde visitèrent Tombouctou. Après avoir donné la rapide notice de la route des quarante Chrétiens, jusqu'à Sansanding où ils s'embarquèrent, réduits au nombre de cinq hommes, on rend compte de leur arrivée à Masena, « où ils séjournèrent chez le prince, un des fils du sultan de Tombouctou, dont le nom était Babal Kydiali. Après les avoir régalés ils les laissa poursuivre vers Tombouctou. Ils arrivèrent en sûreté, cinq, comme ils étaient, en la ville de Tombouctou, où ils résidèrent aussi long-temps qu'il plut à Dieu. De là, passant à travers le pays de S'Oghy, ils atteignirent une de ses villes, que l'on nomme Gharwal-Gaou. Là, les Touaricks les rencontrèrent, et combattirent terriblement contre eux, tant, qu'il y en eut trois de tués, et deux seulement s'échappèrent avec le vaisseau.

« Ils poursuivirent, toujours à l'est, jusqu'à Boussa, mais les habitans se levèrent contre eux, les tuèrent, et leur vaisseau y est encore. Voilà la substance et la vérité du fait. »

Ainsi se termina la première tentative faite par le gouvernement anglais pour découvrir le cours du Niger.

C'est, à ce que l'on croit, un matelot américain, nommé Adams, qui visita le premier Tombouctou après Mungo Park. Sa narration ne jette aucune lumière nouvelle sur le cours du Niger.

Les événemens politiques qui agitèrent l'Europe laissèrent peu de place aux tentatives de découvertes : elles furent donc suspendues, et on ne les reprit qu'au commencement de la paix actuelle. En 1816, une expédition, commandée par le capitaine Tuckey, de la marine royale, suivant la conjecture favorite de Mungo Park, essaya de joindre le Niger, en pénétrant en Afrique par la rivière du Congo. Cette expédition fut la contre-partie de la précédente. Toute l'étendue de ses progrès à l'intérieur se borna à explorer deux cent quatre-vingts milles de côtes, et la question était aussi loin que jamais d'être résolue. En même temps, une autre troupe de cent hommes, sous la direction du major Peddie, avait ordre de suivre jusqu'au Niger la route qu'avait primitivement ouverte Mungo Park, par la Gambie, et d'aller ainsi à la rencontre du capitaine Tuckey. Le major remonta le Rio-Nunez, et sa tentative échoua de même que celle faite sur le Congo.

Les premières nouvelles apprises sur le cours du Niger, depuis la découverte faite par Mungo Park, sont dues au capitaine Clapperton, dans son voyage à Sackatou, en 1824. Il s'était rendu dans cette ville, après avoir visité Bornou, où il avait accompagné le major Denham et le docteur Oudney en passant par Tripoli. Ce fut là qu'il eut le premier avis que la rivière courait au Sud et se jetait dans la mer à Funda. Le capitaine Clapperton retourna en Angleterre, muni de cette information et de plusieurs autres renseignemens sur la partie de l'Afrique qu'il avait traversée. L'accueil favorable qu'il avait reçu de Bello, sultan des Fellahs, décida le gouvernement anglais à le renvoyer de nouveau, accompagné du capitaine Pearce et du docteur Morrison, tous deux de la marine royale. Ces officiers prirent terre à Badagry, et le seul, de cette expédition, qui ait revu l'Angleterre, est Richard Lander, domestique de Clapperton. Le capitaine Pearce et le docteur Morrison moururent peu de jours après avoir quitté Badagry; et Clapperton, n'ayant avec lui que Lander, arriva bientôt après à Wowou, d'où ils allèrent visiter Boussa, où était mort Park. Clapperton avait la plus forte répugnance pour le projet de descendre le Niger, et n'en fit pas mystère à Lander. Il entretenait une ferme conviction que quiconque entreprendrait de descendre cette rivière succomberait sous les attaques des naturels, et n'arriverait jamais vivant à l'embouchure. Clapperton traversa le fleuve à Coumie, au-dessous de Boussa, et mourut bientôt après son arrivée à Sackatou. Lander, ayant rendu les derniers devoirs à son ami et maître, s'achemina vers l'Angleterre, y rapportant les papiers de Clapperton. Il traversa jusqu'à Dunrora une portion considérable du pays, et selon toute apparence il aurait pu regagner le Niger, s'il n'eût été arrêté dans sa route par les naturels, qui le forcèrent à rebrousser chemin. Il fut ainsi contraint à retourner, par sa première route, à Badagry, où il eut grand peine à sauver sa vie. Cette expédition détermina la position de Boussa sur les bords du Niger, et donna une approximation de celle de

Yaourie, ainsi que du cours du fleuve entre ces deux villes.

Durant l'absence de Clapperton et son second voyage, le major Laing pénétra de Tripoli à Tombouctou. Il avait déjà échappé aux attaques d'une bande de Touaricks (peuplade errante qui habite le désert), et, parti de Tombouctou, se rendait à Sego, quand il fut inhumainement assassiné par un marchand maure, nommé Bamboushi, qu'il avait engagé comme guide. Les papiers du major Laing ne sont point parvenus en Angleterre, mais on peut encore espérer que ses observations sur Tombouctou ne seront pas finalement perdues.

Un Français, nommé Caillié (1), a visité Tombouctou depuis le major Laing, mais son voyage n'a rien ajouté à ce que nous savions déjà du Niger.

Les naturels, près de Boussa, semblent n'avoir que de très-vagues notions sur le cours de la rivière au-dessous de cette ville. A Tabra, dans le Nyffé, on dit à Clapperton que la Quorra se jetait dans la mer à Funda, derrière le

(1) On ne rend pas ici justice aux travaux de M. Caillié, qui a vu et fait connaître certaines parties encore inexplorées du Niger. *N. du T.*

royaume de Benin. On ajouta que les gens du Nyffé et ceux de Benin n'étaient qu'un même peuple, le dernier royaume payant tribut au premier. Il y aurait quelque chose de très-remarquable dans ce dernier renseignement; mais Clapperton l'attribue au désir des naturels de donner aux étrangers une haute idée de leur pays. Le sultan Bello lui-même croyait que la rivière, après avoir passé à Boussa et à Wowou, *entrait* dans la mer à Funda. On peut se faire une idée de l'étendue de leur science sur le courant de la rivière, et juger du peu d'assistance que leurs récits pouvaient offrir au géographe, par l'extrait de l'explication de la carte de Bello, donné dans l'appendice, page 333, du voyage de Clapperton. « Maintenant vient la grande rivière Kouarra, et voilà sa représentation. Cette grande rivière est la plus large de tout le territoire du Haoussa. Nous ne savons rien de sa source ni de personne qui l'ait vue. Elle court et se précipite à travers le pays, de gauche à droite, et contient beaucoup d'îles, habitées par des pêcheurs, des bergers, des laboureurs et des planteurs. Quant à la variété de ses animaux, oiseaux et poissons, le Dieu créateur qui les a faits les connaît seul. Il y a des rocs et des montagnes, qui brisent et mettent en pièces les vaisseaux qui sont chassés contre; et ses grands mugissemens et bruits, l'agitation de ses vagues, étonnent celui qui entend les uns, terrifient celui qui regarde les autres, montrant en même temps le merveilleux pouvoir du créateur tout-puissant. » Telles étaient les expressions du Mallam, ou savant prêtre de Bello. A la page 340, il y a encore une tradition de différentes nations d'Afrique, établissant que « la rivière Kouarra court à travers les montagnes et une grande quantité de bois et de forêts, et qu'elle laisse encore des montagnes au Nord et à l'Est. Cette grande rivière sort des Monts de la Lune, et tout ce que nous en savons c'est qu'elle va de Soukan à Kiya, à Kabi, à Yaourie, à Boussa, à Wowou, et à Nyffé. » — « Mais en cet endroit il y a une autre rivière qui coule de Zirma à Ghouber, à Zeffra, à Korg ou Korra; et enfin, arrive à Nyffé; son nom est Kadouna, ou Koudounia. » C'est là tout ce que les naturels semblent connaître du Niger, bien qu'ils aient entendu aussi parler de Funda.

Des renseignemens divers sur la rivière avaient été graduellement rassemblés de différentes sources, et donnèrent matière à de nouvelles théories sur son embouchure. Celle de Reichard gagnait du terrain, en mettant Wangara de côté; et on convenait assez généralement que le Niger devait tomber dans le golfe de Guinée. Ces différentes opinions parurent dans plusieurs ouvrages où, comme on pouvait s'y attendre, beaucoup d'erreurs se trouvaient mêlées avec les vérités obtenues. La rivière se jetait dans la mer à Funda : c'était là le grand point gagné; ensuite, on s'inquiétait peu de la situation de Funda. La théorie du major Denham, fit seule exception à toutes celles qu'on s'empressait de mettre au jour. Il soutenait, en s'appuyant sur les informations données par le sultan Bello, que le Niger continuait son cours à l'Orient, au-dessous de Boussa, et se perdait dans le lac Tshad. Sans doute il considérait cette hypothèse comme d'autant plus probable, qu'à ce qu'il dit il trouva *une* rivière Shary, qui se jetait dans ce lac. Le major Laing conduisait le fleuve mystérieux jusque dans la rivière de Volta, près d'Accra; et enfin, selon Clapperton, il allait se jeter dans la mer, près de la bouche du Lagos, à mi-chemin environ, entre Badagry et l'embouchure de la rivière Benin. Tandis que Reichard concluait avec justesse que la rivière Benin était le débouché du Niger, d'autres croyaient que les bouches des nombreuses rivières entre la Formosa et la rivière du vieux

Calabar étaient autant d'écoulemens de ce fleuve. Parmi ceux qui soutenaient ce dernier avis, étaient les capitaines W. F. W. Owen, A. T. E. Vidal, et B. M. Kelly, et d'autres officiers de marine qui avaient stationné sur la côte. Les récits des marchands d'huile de palmier de Liverpool, tendaient à la même conclusion. Mais cependant personne n'avait encore exploré la rivière au-dessous de Boussa; tout était incertitude, et se fondait seulement sur de vagues rapports et des suppositions. Une tentative isolée pour remonter la rivière du vieux Calabar, avait été faite, en 1805, par un M. Nicholls, qui mourut, peu après avoir quitté Dukestown; il est remarquable que ce soit le seul essai fait sur ce point.

La carte annexée à cette introduction montre l'étendue de nos connaissances sur le cours du Niger à cette époque. Park avait dessiné le fleuve, entre Bammakou et Silla, en son premier voyage, et avait trouvé que la source était dans la même chaîne de montagnes qui donne naissance au Sénégal : la partie au-dessous de Silla, aussi loin que Tombouctou, était le résultat des notions qu'il avait obtenues à son second voyage. Au delà de Tombouctou, la seule ville connue, située sur les bords du fleuve, était Boussa, dont la position avait été déterminée par le capitaine Clapperton ; mais une fois ces jalons posés, le cours de la rivière, entre eux, restait entièrement ignoré. La partie qui se trouve dans le carré pointillé de la carte, est le résultat de l'expédition des Lander; et par conséquent la portion qui s'étend entre Yaourie, point le plus central qu'ils aient atteint, et la ville de Tombouctou, est tout ce qui reste à explorer du Niger. Le vaisseau que Mungo Park avait bâti à Sansanding étant venu se perdre à Boussa, il n'y a pas de doute que le Niger ne se continue sans interruption entre ces villes, et elles ont été réunies par une ligne brisée pour indiquer le cours probable de la rivière. En considérant la position relative du Sénégal et du Niger, il n'y a pas à s'étonner qu'ils aient été confondus l'un avec l'autre dans les premiers âges de l'histoire, bien qu'ils courent dans des directions opposées; car, même de nos jours, l'ignorance complète de tous ceux qu'on a questionnés dans le pays a été le sujet de l'étonnement des derniers voyageurs.

Telles étaient encore les incertitudes sur le cours du Niger, lorsque le gouvernement eut l'heureuse idée d'envoyer MM. Lander, avec mission de descendre le fleuve, depuis Boussa jusqu'à la mer : cette démarche termina en peu de mois la tâche que des siècles n'avaient pu accomplir. Richard Lander, bien au fait de la nature de l'entreprise, offrit ses services avec zèle, pour la mener à fin, et partit, accompagné par son frère John, et muni des objets dont l'appendice donne la liste, avec les instructions suivantes :

« Downing-Street, 31 décembre 1829.

« Monsieur,

« Je suis chargé par le secrétaire sir George Murray, de vous prévenir qu'on a jugé à propos d'accepter l'offre que vous avez faite de vous rendre en Afrique, accompagné par votre frère (1), dans le but de déterminer le cours de la grande rivière qui fut traversée par feu le capitaine Clapperton, dans son voyage à Sackatou. En conséquence, un passage a été accordé à votre frère et à vous à bord de l'*Alerte*, vaisseau marchand, qui se rend au cap Coast-Castle, sur la côte occidentale d'Afrique. Vous êtes prié de vous embarquer sur-le-champ.

(1) Quoique le gouvernement eût refusé de lui allouer un salaire, ou même de lui faire la promesse d'une récompense, mon frère s'offrit de lui-même à m'accompagner.

R. L.

«Si vous rencontrez un des vaisseaux de guerre de Sa Majesté sur la côte d'Afrique, avant votre arrivée au cap Coast-Castle, vous devez obtenir du capitaine de votre vaisseau qu'il mette tout en œuvre pour s'aboucher avec le commandant du vaisseau de guerre et remettre la lettre dont vous êtes porteur, qui lui enjoint de vous transporter vous et votre frère à Badagry, de vous présenter au roi, et de vous donner toute l'assistance nécessaire pour vous mettre en état de commencer votre voyage.

« Vous vous arrêterez le moins de temps possible à Badagry, afin que, parvenu dans la contrée montagneuse, vous puissiez être à l'abri des fièvres qui ravagent les basses terres du bord de la mer. Vous suivrez la même route que précédemment jusqu'à Katunga, à moins que vous ne puissiez découvrir sur la pente septentrionale des montagnes une route qui vous conduise à Funda sur la Quorra ou Niger, auquel cas vous devez vous rendre directement à Funda. Si cependant il était nécessaire de pousser jusqu'à Katunga, vous devez faire tous vos efforts pour obtenir du chef du pays qu'il vous aide à rejoindre la Quorra, et vous donne les moyens de suivre, soit par terre, soit par eau, le cours de cette rivière jusqu'à Funda.

« A votre arrivée en cette dernière ville vous devez être très-exact et détaillé dans vos observations, afin de pouvoir établir d'une façon précise :

« 1° Si quelques rivières, et quelles rivières, tombent dans la Quorra à ou près de cette ville, et si le cours entier de la Quorra ou quelques-unes de ses branches tournent à l'est.

« 2° S'il y a à Funda, ou dans le voisinage, quelque lac, amas d'eau, ou large marais; auquel cas vous feriez le tour du lac ou marais; et examineriez minutieusement si quelques rivières *s'y jettent* ou *en sortent*, et de quel côté elles se dirigent.

« 3° Si à Funda la Quorra continue à couler au sud, il faut la suivre jusqu'à la mer, où il serait alors probable qu'elle décharge ses eaux. Mais, si, au contraire, elle tourne à l'est, ce qui ferait supposer qu'elle tombe dans le lac Tshad, il faudra suivre son cours dans cette direction, aussi loin que vous pourrez vous aventurer à le faire, sans trop exposer votre sûreté personnelle, et même jusqu'à Bornou; auquel cas ce serait à vous à déterminer s'il ne serait pas plus facile de revenir par la route des royaumes du Fezzan et de Tripoli. Si, cependant, après avoir tourné à l'est pendant quelque temps, la rivière reprenait son cours au sud, vous devez comme avant la suivre jusqu'à la mer. Bref, quand vous aurez une fois gagné les rives de la Quorra, soit à Katunga, soit plus bas, vous devez la suivre jusqu'à sa terminaison, en quelque lieu qu'elle puisse être.

« Si vous supposez qu'il y ait quelque sûreté à entrer en communication avec le sultan de Yaourie, vous êtes libre de lui envoyer votre frère, avec un présent, pour demander à ce chef, au nom du roi, certains livres et papiers que l'on croit être entre ses mains, et qui ont appartenu à feu M. Park. Mais rien ne doit vous obliger à attendre le retour de votre frère; poursuivez l'exécution du principal objet de votre mission, qui est de déterminer quel est le cours et l'embouchure du Niger.

« Vous devez saisir toutes les occasions d'envoyer à la côte un court extrait de votre route et de vos observations, en donnant au porteur une note qui mentionne la récompense qu'il doit recevoir pour sa peine, enjoignant à tout sujet anglais de payer, en lui garantissant le remboursement au nom du gouvernement britannique.

« Pour l'exécution de cette entreprise, on vous fournira tous les articles que vous avez demandés pour votre utilité personnelle durant votre voyage, ainsi qu'une somme de deux cents dollars en argent; et, dans le cas où, à votre arrivée à Badagry, vous trouveriez absolument nécessaire de vous munir d'une plus forte somme, vous pouvez tirer sur ce ministère jusqu'à la concurrence de trois cents dollars.

« Pendant l'année qui suivra votre départ une somme de cent louis sera payée par trimestre à votre femme, et à votre retour une indemnité de la même somme vous sera remise à vous-même.

« Tous les papiers et observations que vous aurez apportés avec vous, vous seront remis dans ces bureaux, et vous serez en liberté de recevoir tout paiement que vous pourrez obtenir pour la publication du journal de votre voyage.

« Je suis Monsieur, etc.

Signé R. W. HAY. »

A M. Richard Lander.

(*Copie de la lettre dont il est question dans les instructions précédentes.*)

Bureaux de l'Amirauté, 23 décembre 1829.

« Monsieur,

« Je suis chargé par My Lords les Commissaires

de l'Amirauté de vous transmettre copie d'une lettre de M. Hay, relative à une expédition en Afrique, entreprise par M. Lander et son frère, et de vous donner les ordres de leurs Seigneuries pour que vous preniez les mesures nécessaires pour convoyer MM. Lander du cap Coast-Castle à Badagry, où ils doivent être présentés, ainsi que le dit la lettre de M. Hay, aux autorités du lieu comme des personnes au salut desquelles le gouvernement anglais prend un vif intérêt; et vous êtes aussi requis de pourvoir ces voyageurs de toute l'assistance dont ils pourraient avoir besoin dans l'exécution de leur entreprise.

« Je suis Monsieur, etc.

Signé G. Barrow.

« *Au Commodore Collier, C. B., ou aux officiers commandant les vaisseaux de Sa Majesté, quels qu'ils soient, que MM. Lander pourront rencontrer sur la côte d'Afrique.* »

Les voyageurs ont réussi; le monde connaît déjà leur découverte, et les pages suivantes contiennent les particularités de leur voyage. Deux traits principaux distinguent cette expédition de toutes celles qui l'avaient précédée; la grandeur et l'importance de la découverte, et la simplicité des moyens à l'aide desquels elle a été accomplie. La science ici était hors de question, tout dépendait de cette qualité native et robuste de l'âme « la détermination, » trait marquant du caractère de notre compatriote, et sans lequel la science elle-même eût été de peu de service.

L'aîné des frères Lander, Richard, est déjà connu du public comme le fidèle serviteur et ami du capitaine Clapperton : la manière dont il a rempli ses dernières volontés et répondu à sa confiance; les obstacles qu'il a eus à vaincre après la mort de cet officier, l'ont signalé comme digne de remplir une mission aussi importante, mais pour laquelle les observations scientifiques n'étaient pas de première nécessité. Les résultats ont prouvé que l'opinion que l'on s'était formée de Lander était juste. Né dans le comté de Cornouailles, de parens peu riches, n'étant doué d'aucun talent remarquable, ne pouvant se targuer de sa naissance, il n'eut pas même les avantages d'une éducation ordinaire. Sa principale qualité est une persévérance qui n'est au-dessous de celle d'aucun des premiers voyageurs. C'est là ce qui, avec l'aide d'en haut, l'a mis en état de surmonter toute difficulté. Il a ouvert les portes de l'Afrique occidentale, et jouit aujourd'hui de l'orgueilleuse satisfaction de penser qu'il a dignement gagné une récompense qui lui assure une indépendance honorable.

Le plus jeune, John Lander, poussé par le louable désir d'aider son frère et de visiter l'Afrique, l'a suivi dans ce voyage sans perspective de récompense pécuniaire, et il est juste de déclarer que le journal doit beaucoup à ses observations. Fruits d'une imagination naturellement vive, ses descriptions ne sont pas irréprochables, mais elles enrichissent le voyage de détails intéressans et agréables. Dans son éducation et ses études littéraires John Lander a l'avantage sur son frère aîné, et, indépendamment du récit du premier voyage de Richard, il a déjà écrit plusieurs essais en prose et en vers. Il a partagé tous les dangers de l'expédition; et le gouvernement a promis de lui donner un emploi en rapport avec sa capacité; les amis des sciences se réjouiront en voyant les deux seuls individus qui aient survécu, parmi tant de voyageurs partis pour cette mission dangereuse, devenir les objets de la sollicitude de leur patrie.

Le premier prix annuel de cinquante guinées, qui avait été mis à la disposition du président et du conseil de la Société Royale de Géographie, par sa très-gracieuse majesté, a été adjugé à

Richard Lander, comme chef de l'expédition. Le 14 novembre, il lui fut donné par le président Lord Goderich, qui l'accompagna de quelques mots exprimant son estime personnelle. Et c'est chose à remarquer qu'immédiatement après, on ait annoncé à sa seigneurie que l'Association Africaine, dont la première et principale sollicitude avait été la grande découverte à laquelle cette récompense venait d'être décernée, était réunie et incorporée à la Société Royale de Géographie.

Le désastre qui frappa les voyageurs à Kirrie faillit priver le monde du fruit de leurs observations. Heureusement, quoique différentes parties du voyage de chacun d'eux aient été perdues dans la rivière, le fil de la narration est entièrement conservé dans ce qui reste de leurs journaux. La première partie est due aux observations de John Lander : celles de Richard, de leur départ de l'Angleterre à leur arrivée à Rabba, ayant été perdues, le reste, jusqu'à la fin, est tiré du journal de Richard, complété par celui de son frère. Partie des notes prises par ce dernier, entre Rabba et Kirrie, ayant aussi disparu, il n'y a pas de doute que ce qui a ainsi péri aurait matériellement ajouté à la valeur du tout.

Pour plus de clarté dans cette publication des journaux, Richard Lander, le frère aîné, étant chargé de l'expédition, a été considéré comme le principal personnage, et le journal de John, pendant l'espace de temps où ils furent séparés l'un de l'autre, est donné en son propre nom. Ce plan n'ayant été arrêté que lorsque la moitié environ du premier volume était imprimée, quelques changemens devenaient nécessaires, mais ils ont été faits avec une grande discrétion, et sans rien altérer du sens des papiers originaux.

Nous ajouterons, pour conclure, un mot ou deux sur la carte, construite d'après les renseignemens donnés par les journaux des Lander. L'ingénieur, l'arpenteur, chercheraient en vain dans la liste des articles fournis aux voyageurs les instrumens qui pouvaient assurer l'exactitude de leurs observations; et le savant appréciera la façon dont elles ont été prises, quand on lui dira qu'en fait de secours pour vérifier les simples observations de leurs sens, ces nouveaux explorateurs en géographie n'avaient qu'une simple boussole, qu'ils perdirent même à Kirrie, et que, passé cet endroit, le soleil est devenu leur unique guide. On ne doit donc pas avoir une foi trop implicite dans les détours nombreux et le cours serpentant de la rivière sur la carte, puisque les voyageurs n'avaient ni assez de ressources, ni assez d'habileté, pour pouvoir en garantir l'exactitude. Cette carte, sous son plus favorable point de vue, doit être considérée seulement comme une esquisse du fleuve, appuyée sur des observations naïves et personnelles. Elles aideront du moins les voyageurs futurs, que des connaissances supérieures mettront en état d'arriver à toute la précision géographique désirable. C'est pour les frères Lander une satisfaction suffisante, une gloire assez brillante, que d'avoir servi de pionniers dans cette conquête scientifique de l'Afrique.

A. B. B.

JOURNAL

D'UNE EXPÉDITION

ENTREPRISE DANS LE BUT D'EXPLORER LE COURS ET L'EMBOUCHURE

DU NIGER.

CHAPITRE PREMIER.

Départ d'Angleterre. —Arrivée au cap Coast.—Anamabou.—Accra. —Séjour à Badagry.—Fête mahométane. —Mascarade. — Rapacité du roi. — Traits de mœurs. — Histoire d'Adouly. — Justice africaine.

Nous mîmes à la voile de Plymouth, le 9 janvier 1830, à bord du brick *l'Alerte*, capitaine Tyson, pour le cap Coast-Castle (1), où nous arrivâmes le 22 février, après une traversée de quarante-deux jours, courte, mais orageuse et désagréable. Ce serait manquer aux devoirs de la reconnaissauce que de ne pas rappeler ici l'accueil bienveillant et gracieux que nous fit

(1) Priucipal comptoir anglais, en Guinée, sur la Côte-d'Or.

M. George Maclean, président du Conseil du cap Coast, qui avait été notre compagnon de voyage à bord de *l'Alerte*. Les négocians fixés dans cette résidence nous reçurent aussi de leur mieux; à vrai dire, tous rivalisèrent d'attention et d'égards, et nous traitèrent avec une hospitalité qui eût fait honneur au bon vieux temps. Nous fûmes assez heureux pour engager à notre service Paskoe, sa femme, et Jaoudie, qui avaient fait partie de la dernière expédition, ainsi qu'Ibrahim et Mina, deux hommes du Bornou, familiarisés avec les mœurs anglaises, et parlant la langue du Haoussa : tous ne pouvaient manquer de nous être fort utiles dans l'accomplissement de notre mission, surtout le vieux Paskoe, dont le mérite, comme interprête, est incontestable.

Après avoir passé huit jours au château du cap Coast, nous allâmes, avec M. Maclean, faire une visite à M. Hutchinson, commandant du fort d'Anamabou (Anamaboo), situé à une distance d'environ neuf milles. Ce gentilhomme nous reçut d'une manière qui honore également son cœur et ses sentimens patriotiques; il est impossible de pousser plus loin l'oubli de soi-même et de toute affaire particulière pour ne s'occuper que du bien-être et de l'amusement de ses hôtes.

Il nous serait doux de trouver des paroles qui peignissent assez vivement notre reconnaissance d'une bonté si désintéressée et si complète. M. Hutchinson vit dans son château d'Afrique comme un baron des temps féodaux, à la barbarie et à l'ignorance près; car les jouissances raffinées de la civilisation, et même du luxe, ont pénétré dans sa demeure, bien qu'elle soit entourée de sauvages, et que les sons harmonieux d'une voix de femme n'éveillent jamais, ou bien rarement, l'écho de ses vastes salles. Ses bannières de soie, son château à créneaux, ses vassaux dévoués, son hospitalité splendide, et jusqu'à son isolement, tout rappelle les mœurs et le genre de vie d'un vieux seigneur anglais, à l'une des époques les plus intéressantes de notre histoire; et le courage, l'esprit chevaleresque de ce gentilhomme, sont tout-à-fait en harmonie avec ces souvenirs. M. Hutchinson habite la côte depuis plusieurs années : il est du petit nombre de ceux qui ont visité la capitale des Aschanties; il y a vécu huit mois, pendant lesquels il a fait plus ample connaissance qu'aucun autre Européen avec les mœurs, les coutumes, les projets, de cette nation originale, guerrière et entreprenante. Il prit aussi une part très-active dans la guerre d'Aschantie, et rendit d'importans services à la cause qu'il avait chaudement embrassée.

Nous séjournâmes au fort d'Anamabou jusqu'au 4 mars, époque à laquelle nous prîmes congé de notre aimable hôte, et de notre digne ami, M. George Maclean, pour nous rembarquer sur le brick *l'Alerte*, et faire voile pour Accra; là, nous devions trouver un vaisseau chargé de nous transporter à Badagry, dans la baie de Benin, conformément à nos instructions.

Au bout de deux jours, nous arrivâmes vis-à-vis le fort anglais d'Accra (1), et prîmes terre le 7. Le commandant, M. Fry, nous retint une semaine, ce qui nous laissa tout le temps de parcourir les environs, et d'admirer la beauté surprenante du pays. Accra est, sans exception, l'établissement le plus agréable et le plus sain que les Anglais possèdent sur la côte occidentale de l'Afrique. Son commerce, qui, de même que celui du cap Coast-Castle et des autres comptoirs, a souffert de la dernière guerre malheureuse des Aschanties, commence à reprendre. Le brick de sa majesté, *le Clinker,* nous avait précédés d'un jour, et, deux jours après, il fut rejoint par le sloop de guerre *la Médine* et *le Black-Joke*.

(1) Côte-d'Or, à 18 lieues à l'Ouest de Whidah.

Le 15, nous nous établîmes à bord du *Clinker*, commandé par le lieutenant Matson, et, nous dirigeant sur Badagry (1), nous jetâmes l'ancre dans la rade, en face de cette ville, le 19. Mon frère débarqua le lendemain, et fut présenté au chef par M. Brown. Tout ayant été réglé à notre satisfaction, nos bagages furent transportés à terre le 21.

Le lieutenant Matson, qui s'était montré plein de courtoisie et de bonté pour nous pendant notre séjour à son bord, nous confia un jeune homme de couleur, nommé Antonio, fils du chef de Bonny, qui désirait vivement pénétrer avec nous dans l'intérieur, espérant pouvoir regagner son pays par la grande rivière ou Niger.

22 *mars*. — Salués de six bruyantes acclamations par l'équipage du *Clinker*, nous nous dirigeâmes vers la plage dans un des bateaux du brick, à une heure peu avancée de l'après-midi. Un canot, qui nous attendait à l'extrémité des brisans, nous reçut, nous porta, à grand renfort de rames, à travers un effroyable ressac, et nous lança avec violence sur les sables brûlans.

Mouillés et fort mal à l'aise, par suite de cet incident, d'autant plus désagréable que nous

(1) Royaume de Guinée, à l'Est de Whidah.

n'avions point de linge pour changer, nous nous acheminâmes vers une petite crique, distante d'un quart de mille du rivage de la mer : là, nous entrâmes dans un canot du pays, qui nous conduisit, à travers un canal, extrêmement étroit et ombragé par la plus riche végétation, dans la rivière Badagry, branche du Lagos. C'est une belle nappe d'eau, semblable à un lac en miniature ; sa surface est unie et transparente comme un miroir, et ses bords pittoresques sont couverts d'arbres de la plus fraîche verdure. Nous eûmes bientôt atteint la rive opposée : notre route traversait une plaine magnifique, où l'on voyait de loin paître des cerfs, des antilopes et des buffles. Une foule d'hommes, de femmes, d'enfans, nous suivirent jusqu'à la ville de Badagry, faisant à nos talons les bruits les plus effroyables, sans qu'il nous fût possible de deviner si c'était en signe de joie ou de déplaisir, d'admiration ou de ridicule. Il est probable, cependant, que ce dernier sentiment prédominait, car notre costume était des plus grotesques : il se composait d'un chapeau de paille plus grand qu'un parasol, d'un *tobé* ou tunique, et ceinture mahométane écarlate, avec des bottes et de larges pantalons à la turque. Un pareil accoutrement était bien fait pour exciter le rire, et les regardans ne s'en faisaient faute; à l'exception de quelques femmes plus modestes, qui, craignant de nous chagriner, se détournaient pour cacher les éclats d'une gaieté qu'elles ne pouvaient retenir.

Chemin faisant, nous vîmes plusieurs groupes de naturels, assis sous les larges branches d'arbres superbes, occupés à vendre des provisions et de la toile du pays. A notre approche, quelques-uns se levaient et saluaient, tandis que d'autres tombaient à genoux devant nous, en témoignage de respect. Nous atteignîmes la demeure qui nous avait été préparée à environ trois heures de l'après-midi; mais, comme la journée était trop avancée pour visiter le chef ou roi, nous envoyâmes un messager lui annoncer notre intention de lui rendre nos devoirs le lendemain matin.

23 *mars*. — A neuf heures, selon notre promesse, nous allâmes visiter le chef dans sa maison, distante de la nôtre d'un peu plus d'un demi-mille. Nous le trouvâmes assis sur deux coffres, dans un petit appartement de bambou, autour duquel étaient suspendus une grande quantité de mousquets, de sabres, quelques vieilles et sales ombrelles, et une couple de

queues de chevaux, destinées à chasser les mouches et autres insectes.

Le roi Adouly nous regarda en face sans faire aucune observation, et sans se lever de son siége pour nous féliciter sur notre arrivée. Il paraissait plongé dans de profondes réflexions, et, le coude appuyé sur une vieille table de bois, il soutenait sa tête sur sa main d'un air pensif. Un de ses plus vénérables et de ses plus vieux sujets était accroupi aux pieds de son maître, et fumait une pipe d'une longueur démesurée. Lanterne, son fils aîné, l'héritier présomptif, était agenouillé à ses côtés, l'étiquette ne permettant point au jeune homme de s'asseoir en présence de son père. Tout avait un aspect de réserve et de tristesse bien différent de ce que nous nous attendions à trouver. Nous serrâmes la main du chef, mais à peine daigna-t-il presser la nôtre en retour. Malgré cette apparente froideur, nous nous assîmes de chaque côté de lui, sans cérémonie et sans embarras. De notre part la conversation commença par des questions sur la santé du roi, qui n'y répondit que par un sourire languissant, et reprit la même attitude méditative. Nous déployâmes alors les présens que nous lui avions apportés d'Angleterre, nous efforçant de les faire valoir et de les montrer sous le jour le plus avantageux. Ils furent acceptés sans le plus léger témoignage de plaisir ou de satisfaction : à peine les regarda-t-il ; et il les fit emporter par ses domestiques avec une indifférence feinte ou vraie. Tout cela devenait très-mortifiant ; mais nous ne dîmes pas un mot, quoiqu'il fût facile de s'aperçevoir que les choses ne se passaient pas à notre gré. Une réserve, dont nous ne pouvions définir la cause, et une froideur que rien ne nous expliquait, présidaient aujourd'hui à nos rapports avec ce chef de Badagry, jadis si plein de chaleur d'âme et de bon naturel. C'était de mauvais augure pour l'exécution de nos plans, et dès-lors nous commençâmes à prévoir des obstacles que nous ne pourrions vaincre qu'à force d'adresse et de persévérance. Adouly nous laissa brusquement au milieu de la conversation, et ne revint pas de quelque temps.

Fatigués de ce long délai, nous lui dépêchâmes un messager, avec ordre de lui dire que nous étions impatiens, et que nous lui serions obligés s'il voulait bien revenir de suite, et mettre un terme à notre conférence, ou *palaver*, manière emphatique de nommer ici ces entrevues. Ce message hâta le retour du chef ; il rentra dans l'appartement avec un visage triste, en partie voilé par les nuages de fumée qui se déroulaient de son énorme pipe. Il s'assit entre nous comme auparavant, et nous donna à entendre, d'un son de voix faible et bas, qu'il était à peine remis d'une cruelle maladie, et des suites de beaucoup de chagrins, qui lui avaient presque brisé le cœur. Ses généraux Bombani et Poser (dont il est question dans le journal de Clapperton), et tous ses plus habiles guerriers avaient été tués sur le champ de bataille, ou avaient péri par quelque mort violente. Le premier, qu'il regrettait par-dessus tous, avait été fait prisonnier par les Lagos, ses ennemis les plus acharnés. Quand ce malheureux fut tombé en leur pouvoir, ils lui clouèrent la main droite à la tête, et lui abattirent la gauche. En cet horrible état Bombani fut promené à travers la ville, et exposé aux regards du peuple, jusqu'à ce que la curiosité de tous fût rassasiée; alors on lui coupa la tête, et après l'avoir fait sécher au soleil, et l'avoir battue jusqu'à ce qu'elle fût presque réduite en pâte, on l'envoya en triomphe au chef de Badagry. Pour ajouter à ces calamités, la maison d'Adouly, qui renfermait une grande quantité de poudre, et toutes ses propriétés, consistant en présens, dont plusieurs de prix lui avaient été apportés par le capitaine Clapperton, par des négocians européens et des trafiquans d'esclaves, prit feu accidentellement, et sauta. Le chef et ses femmes coururent de grands dangers dans l'incendie : et comme c'était la coutume de tenir les mousquets et autres armes à feu constamment chargées, ces armes, tirant à mesure qu'elles s'échauffaient, blessèrent aux jambes et dans toutes les parties du corps ceux qui tentèrent de s'échapper, et ceux qui étaient arrivés à la première alarme. Les flammes s'étendirent avec une étonnante rapidité, et malgré les secours, détruisirent une grande partie de la ville. Cette catastrophe expliquait la tristesse et le découragement dont la physionomie du chef était si fortement empreinte; cependant, il n'était pas douteux qu'une autre raison, plus puissante encore, influençait sa conduite en cette occasion.

De retour à notre demeure, nous eûmes la visite de plusieurs grands personnages, ou *principaux de la ville*, comme ils s'intitulaient. Ils venaient nous complimenter sur notre arrivée dans le pays, mais le véritable et unique motif de leur visite était l'espoir d'obtenir du rhum, qui a un grand attrait ici pour toutes les classes. Nous avons été tourmentés tout le jour par une foule de mendians en guenilles, dont l'importunité est réellement dégoûtante ; des vieillards à grosse tête, à gros ventre, et les beautés ridées du dernier siècle, à peau flasque, à oreilles plates, se sont succédés sans relâche. Pour donner la bien-venue à ces bruyantes dames et à leurs compagnons, il nous a fallu rire, parler, prodiguer les poignées de mains, les craquemens de doigts, qui sont de grands témoignages de politesse africaine, multiplier les courbettes, placer nos mains avec solennité sur la tête et sur la poitrine, faire des présens, d'obséquieuses grimaces, ramper et flatter jusqu'après l'heure de notre coucher. Nous n'avons pas eu, à la lettre, un moment de répit ; la visite du fils aîné du chef n'a pu nous réconcilier avec cette excessive fatigue, et tous les inconvéniens qu'elle entraîne.

Si, parmi ses autres épreuves, Job eût été exposé aux horreurs d'une interminable *palaver* africaine, sa patience n'y eût pas tenu. Pour mon compte, je désespère de devenir jamais le favori de ce peuple grimacier et bavard. Quand je ris, et ici c'est chose de première nécessité, je le fais contre mon gré, et par conséquent de fort mauvaise grâce. On m'a conté quelquefois que dans mes cinq premières années on ne m'avait jamais vu sourire, et depuis cette époque, Dieu sait que ma gaîté n'a éclaté que dans des occasions rares et toutes particulières. Qu'on imagine donc la figure que je fais à jouer le bouffon du matin au soir, sans aucune envie de m'amuser, étouffant sous l'ardeur d'un soleil qui me brûle tout le corps et donne à ma peau l'aspect d'un parchemin desséché. Heureusement que ces sauvages, car ils le sont dans toute l'étendue du mot, ne peuvent distinguer entre une joie fausse ou vraie; et, quoique vexé intérieurement et les souhaitant tous au diable ou au fond de la mer Rouge, j'ai lieu de croire que nos tentatives forcées pour plaire aux naturels ont réussi, et que je me suis fait parmi eux la réputation que, certes, je ne mérite pas, d'être un des plus aimables et des meilleurs compagnons du monde.

Un de leur prêtres, ou *homme-fétiche*, vient de nous envoyer un canard qui égale en grosseur une oie bien nourrie; mais, comme le drôle attend en échange dix fois la valeur de son présent, il n'y a pas grande générosité de sa part. La nuit dernière nous avons été obligés de poster des hommes armés autour de notre maison pour protéger nos bagages contre la rapacité d'une multitude de voleurs qui infestent ce lieu, et déploient toute la ruse imaginable pour s'insinuer dans nos bonnes grâces. Nous nous sommes levés au point du jour ce matin après une nuit passée sans sommeil, car les cris des enfans, les coups de fusil, le bruit discordant des tambours et des cornes de buffles, qui tiennent ici lieu de trompettes, ne nous ont pas laissé jouir d'un repos si nécessaire pour nous remettre des ennuyeuses et fatigantes cérémonies de la veille.

24 *mars*.—Un des messagers du chef, qui est un *mallam* (savant), ou prêtre du Haoussa (Haussa), s'est présenté à la porte de notre maison ce matin, suivi d'un grand et beau mouton tacheté, de son pays natal. Le cou de l'animal était orné de petites clochettes, qui rendaient un son argentin et assez mélodieux. Le calme des traits de cet homme, son air serein, et la modestie, ou plutôt la timidité de ses manières, nous ont prévenus en sa faveur; il était vêtu, selon le costume du Haoussa, d'un *tobé*, avec de larges pantalons, des sandales, et sur sa tête un bonnet; il portait quatre gros anneaux d'argent au pouce, et un bracelet massif du même métal entourait le poignet de sa main gauche. C'est jusqu'ici le seul individu qui nous ait visités sans motif apparent d'intérêt; car tous les autres se font une règle de nous demander quelque chose dès qu'ils nous honorent de leur compagnie. Ce qui explique peut-être la retenue du

mallam, c'est qu'il est musulman, et que, le jeûne du ramadan étant commencé, il lui est défendu par sa croyance de boire ou de manger depuis le lever du soleil jusqu'à son coucher.

Un Fellan, qui demeure dans la ville, est convenu de nous fournir du lait de vache tous les matins, tant que durera notre séjour; il est mahométan, et adhère aussi scrupuleusement que le mallam aux préceptes rigoureux de sa religion.

Le fils aîné du chef a passé avec nous la plus grande partie du jour. Les manières de ce jeune homme sont réservées et respectueuses; il est grand admirateur des Anglais, et prononce, tant bien que mal, quelques mots de notre langue. Quoiqu'il ait tout-à-fait l'air d'un adolescent, il a déjà deux enfans et trois femmes. Ses dents de devant sont limées en pointe, selon la coutume des Lagos; mais, malgré ce désavantage, ses traits n'ont rien de la férocité qui distingue la physionomie de presque tous ses compatriotes, et ses habitudes sont infiniment plus humbles et plus douces. Lorsque nous lui demandâmes si, en supposant qu'il en eût le pouvoir, il voudrait nuire à nous deux, ou à tout autre Européen qui pourrait plus tard visiter Badagry, il ne fit point de réponse, mais s'approcha silencieusement de nous, et tomba à nos pieds, me pressant avec ardeur contre sa poitrine nue, et me baisant affectueusement la main. Je pensai que cela valait mieux que les protestations les plus éloquentes.

On nous a annoncé aujourd'hui que la paix était rétablie entre Porto-Novo et Badagry. Le messager qui apportait cette bonne nouvelle a offert à Adouly trois esclaves de la part de son maître, chef de Porto-Novo, pour preuve que la réconciliation sera durable. Ce pays est toujours en guerre avec ses voisins, et par suite toujours dans un état de trouble et de misère. Les provisions y sont, par la même cause, extrêmement rares et chères.

Depuis notre conférence de mardi avec le chef, nous avons appris, non sans surprise et chagrin, qu'une partie de la population se montrait décidément hostile à nos projets, et que des meneurs, toujours renfermés avec Adouly, usaient de toute leur influence et de toute leur adresse pour éveiller sa jalousie et sa méfiance. Ils tâchent de l'amener à nous demander, avant qu'il nous accorde la permission de pénétrer plus avant dans le pays, une somme d'argent considérable, qu'ils savent bien que nous sommes hors d'état de payer, imaginant par ce moyen nous forcer à abandonner notre entreprise. Nous avons eu le premier avis de ces perfides menées, ce matin, par un homme qui dit s'être prononcé pour nous. Il nous a assuré, avec un visage fort alarmé, qu'Adouly avait déclaré, en présence de tout le peuple, que l'habit que nous lui avions donné avait été fait pour un enfant, et non pour un homme; que ce présent était indigne d'être accepté par lui, roi, et qu'il pensait que nous avions voulu l'insulter. Il est vrai que l'habit auquel Adouly faisait allusion est d'une mode fort ancienne, et appartenait à un chirurgien de la marine, il y a environ vingt ans; il n'en était pas moins presque aussi bon qu'un neuf, et nous l'avions rendu très-présentable, en y ajoutant une paire d'épaulettes d'or terni. Il est clair qu'un de nos ennemis nous a aliéné le chef et a excité son mécontentement, puisque ce même habit avait été reçu avec satisfaction deux jours auparavant. Nous avons eu fort à faire aujourd'hui pour combattre les efforts des méchans, et sonder les dispositions de ceux qu'une grande affection pour le rhum attache à nos intérêts.

Deux mulâtres habitent Badagry : l'un, nommé Hooper, remplit près d'Adouly l'emploi d'interprête, et a grande part à sa confiance; il est né au cap Coast-Castle en 1780, et a servi plusieurs années, comme soldat, dans le corps africain. Son père était Anglais, et il se vante d'être sujet de la Grande-Bretagne; il est excessivement vain de son origine. Quoique le plus incorrigible ivrogne qui existe, s'enivrant avant déjeûner, et passant le reste du jour dans un état voisin de l'idiotisme, il ne perd pas de vue ses intérêts, et se montre, au contraire, toujours disposé à leur sacrifier tout le reste.

L'autre mulâtre, élevé à Sierra-Léone, lit et écrit passablement l'anglais; il est esclave d'Adouly, et presque aussi adonné à la boisson que Hooper. Nous avons eu peu de peine à gagner à notre parti ces conseillers politiques du souverain, et nos tentatives près de plusieurs des chefs du pays ont eu un égal succès. Malheureusement, chacun ici se dit haut et puissant seigneur, et le vieux Hooper lui-même appelle une troupe de misérables déguenillés « nobles et gentilshommes. » Il nous presse de nous concilier chacun d'entre eux par des présens, surtout de liqueurs spiritueuses, afin d'effacer les mauvaises impressions qu'on a pu leur donner secrètement, et nous conjure de gagner leurs suffrages, dût-il nous en coûter la moitié de nos biens. On ne sait trop ici quel est le véritable monarque, ni quelle est la forme du gouvernement. Outre le roi des rois, le redoutable Adouly, quatre chefs s'attribuent les prérogatives de la royauté : il y a le roi de la ville espagnole, celui de la ville portugaise, ceux de la ville anglaise et de la ville française, Badagry se partageant en autant de districts, qui portent les noms de ces quatre nations européennes. Ce soir nous avons reçu une invitation du premier de ces souverains, le seul qui, dans l'origine, ait réellement gouverné le pays. Depuis qu'une main plus puissante l'a dépouillé de son autorité, il vit dans la retraite, et fait, pour exister, le commerce des esclaves, qu'il achète et revend à des négriers espagnols et portugais. C'est un vieillard affable, vénérable, et dont l'extérieur inspire le respect. Nous le trouvâmes entouré de ses domestiques, hommes et jeunes garçons, tous armés de pistolets, de dagues, de mousquetons, de coutelas, de sabres, fabriqués dans diverses parties de l'Europe. Il nous assura d'abord que rien ne pouvait lui faire plus de plaisir que de nous voir de retour à Badagry, et s'étonna beaucoup que nous ne l'eussions pas visité des premiers. Si nous avions un présent à lui faire, il le prendrait, dit-il, avec reconnaissance; sinon, il nous remerciait de même. On dressa alors une table dans sa cour, devant la maison, et on la couvrit de verres et de carafes remplies d'une liqueur brûlante, importée par les Portugais. Dans un coin de la cour était une petite hutte, de deux pieds de haut, dans laquelle on avait placé un fétiche, pour préserver le chef des dangers ou des malheurs que notre présence pouvait attirer sur lui. Une partie de la liqueur fut versée dans un verre, et passée successivement dans les verres de tous les convives, comme pour les rincer; ensuite, un domestique but le tout. C'est une ancienne coutume, introduite sans doute pour empêcher les maîtres d'être empoisonnés par leurs esclaves. Aussitôt que les carafes furent vides, on apporta d'autres spiritueux encore plus forts; mais, mon frère imaginant qu'on y avait mêlé de l'eau fétiche ou consacrée, nous n'en prîmes qu'une gorgée, que nous eûmes soin de ne pas avaler, et que nous rejetâmes sans qu'on s'en aperçût. Le vieux chef promit de nous rendre notre visite le lendemain; et, levant les yeux et les mains au ciel, comme un enfant qui prie, il demanda au Tout-Puissant de nous conserver et de nous bénir: du moins, ce fut ainsi qu'on nous traduisit ses expressions. Nous le saluâmes à la façon accoutumée, et prîmes congé de lui, fort satisfaits de son accueil.

Si l'on jugeait de la population de Badagry par le nombre considérable de marchands qu'on y rencontre, ou plutôt si les acheteurs étaient en proportion, la ville serait merveilleusement peuplée; car, bien que la maison du vieux chef soit à une mille et demi (une demi-lieue) de la nôtre, nous trouvions à chaque pas des gens vendant en plein air toutes sortes de marchandises.

Nous sommes de jour en jour plus impatiens de continuer notre voyage; mais Adduly nous paie de défaites, et recule notre départ, sous les prétextes les plus absurdes et les plus frivoles. Il affirme que sa principale raison, pour nous retenir contre notre gré, est la crainte qu'il nous arrive malheur, les routes n'étant pas sûres. Il a dépêché un messager à Jenna pour savoir si l'état du pays lui permettrait de nous y envoyer. Le vieux roi de Jenna, qui s'était si bien conduit lors de la dernière mission de Clapperton, est mort; et, quoiqu'on ait nommé son successeur, ce dernier n'est pas encore arrivé de Katunga. Cette circonstance fait qu'il n'y aura personne à Jenna pour nous recevoir et nous protéger. En attendant, la saison pluvieuse approche, et s'annonce déjà par des averses continuelles et de fréquens ouragans. Ce qui nous fait encore plus désirer de quitter cet abominable lieu, c'est qu'on y prépare, nous dit-on, un sacrifice de trois cents créatures humaines des deux sexes et de tout âge. Nous entendons souvent les cris de ces malheureuses victimes, et notre cœur se glace d'horreur et d'effroi à l'idée d'être témoins d'un pareil spectacle.

25 *mars*. — Nous avons été réveillés ce matin par le gazouillement d'une foule variée de petits oiseaux, qui, perchés sur les branches des beaux arbres dont l'ombrage couvre notre maison, nous ont donné une sérénade si charmante, que nous n'avons pu clore nos yeux après l'aube venue; et, en vérité, c'eût été honte et pitié de dormir aux sons d'une mélodie si ravissante. Aussitôt le lever du soleil, notre logis se remplit de visiteurs, et il faut nous résigner jusqu'au soir à un supplice pire, je crois, que ceux du purgatoire. Après avoir fait craquer nos doigts une centaine de fois, et fait un cours de génuflexions et de grimaces, nous avons su cette après-midi que le messager du chef était revenu de Jenna; mais, pour quelque raison qu'il ne nous est pas possible de pénétrer, l'homme est reparti sur-le-champ, et on nous assure que nous ne pouvons quitter Badagry avant son retour.

Une des coutumes du pays consiste à envoyer un domestique avec une épée ou une canne chez ceux auxquels on ne peut aller rendre soi-même ses devoirs, de même qu'on envoie sa carte chez ses connaissances dans les pays civilisés. Nous avons reçu aujourd'hui bon nombre de complimens de ce genre, et il est inutile de dire qu'ils étaient mieux venus et beaucoup plus agréables que de véritables visites.

Nous finissions de déjeûner ce matin, quand Hooper est entré; il venait prendre son verre d'eau-de-vie, pour se préserver, disait-il, de tomber malade; il profita de l'occasion pour nous avertir qu'il était absolument nécessaire de visiter les «nobles» qui s'étaient rangés de notre parti. Comme nous sentons la nécessité d'être populaires et de nous attacher ces vagabonds par tous les moyens en notre pouvoir, nous avons approuvé le conseil de Hooper, et nous sommes rendus d'abord chez feu le général Poser, dont la maison est maintenant sous la surveillance de son premier homme d'affaires; celui-ci était indolemment accroupi sur une natte, et plusieurs vieillards faisaient la conversation avec lui. La mort de Poser n'est pas généralement connue du peuple; on la lui cache, de crainte d'exciter un mouvement dans la ville; car il était universellement aimé et respecté. On ne nous permit pas même de mentionner son nom, et le rusé intendant nous donna l'exemple, en ne nous entretenant que de la nécessité de lui faire un cadeau proportionné à son attente et à la dignité de son poste. Des mousquets et d'autres instrumens de guerre étaient suspendus aux murs de l'appartement ; le plafond était orné d'une profusion de fétiches et de sentences arabes. On apporta de l'esprit de genièvre mêlé d'eau, que tous les assistans se partagèrent avec avidité, surtout les deux mulâtres qui nous avaient accompagnés. Ensuite, le représentant du chef ou général défunt souhaita que le Grand-Esprit nous secondât dans toutes nos entreprises, et nous recommanda de ne pas oublier le présent que nous lui destinions. Bientôt après, nous prîmes congé, ravis de quitter l'appartement; l'air en était si renfermé et si impur, qu'à peine y pouvions-nous tenir, et qu'un plus long séjour nous eût été fort désagréable, pour ne rien dire de plus. Nous avions perdu trop de temps à cette visite pour songer à en faire aux autres chefs, et en conséquence nous résolûmes de présenter nos respects à Adouly, que nous n'avions pas vu depuis deux jours. Il nous reçut de beaucoup meilleure grâce qu'avant.

Assis sur une vieille table, le roi mangeait un ognon crû, et balançait ses jambes, de ça de là, dans une absence complète de pensées. Notre brusque entrée dissipa cette espèce de somnolence. Il nous annonça son intention de nous laisser continuer notre voyage le sur-lendemain : il espérait que les habitans de Jenna serait en mesure de nous recevoir convenablement. Il était dans les meilleures dispositions, il promit à mon frère de lui faire cadeau d'un cheval, qu'il avait ramené lui-même de Sackatou, lors d'une première expédition. Il ajouta qu'il voulait m'en vendre un autre; et qu'il avait un désir particulier d'examiner tout ce que nous comptions emporter avec nous dans « le taillis » (ainsi qu'on appelle le pays couvert), afin de s'assurer par lui-même qu'il n'y avait rien qu'il ne pût laisser passer. Après l'avoir remercié du présent projeté, et avoir accepté ses conditions, nous bûmes ensemble un peu d'esprit-de-vin et d'eau, qui nous rendit les meilleurs amis du monde. Pendant cette réjouissance, la sœur du chef et deux de ses femmes nous lançaient des œillades, en riant, jusqu'à ce que la venue du roi de la ville anglaise et de son escorte mît fin à leur gaîté, et les fit quitter l'appartement. Ces étrangers venaient pour soumettre au roi une querelle domestique. Il les eut bientôt mis d'accord; et quand les salutations d'usage furent terminées, qu'ils se furent mis à genoux, la face contre terre, il commença à jaser et à rire avec eux aux éclats. Cela nous parut d'un bon augure. Les gens du plus bas étage ne s'astreignent pas ici à grand cérémonial vis-à-vis du souverain; ils causent avec lui tout aussi librement que s'il était un des leurs, et néanmoins, il prête autant d'attention à leurs plaintes qu'à celles des principaux habitans du pays. Adouly exerce noblement l'hospitalité; nous le vîmes distribuer par portions égales le reste de ses ognons aux chefs qui étaient venus le visiter. Cette faveur royale fut reçue par eux avec les marques de la plus vive satisfaction.

Cette après-midi, une espèce de héraut d'armes proclama à haute voix l'approche du vénérable chef de la ville espagnole, qui s'acheminait vers notre demeure, suivi de courtisans nombreux et altérés. Le costume, fort simple, du vieillard se composait d'un bonnet, d'un turban, et d'un grand morceau de cotonnade de fabrique anglaise, jetée sur son épaule droite, et retenue sous le bras gauche. Cette draperie est beaucoup plus gracieuse, et sied mieux aux naturels que le clinquant des uniformes européens, qu'à la vérité, ils portent généralement de la façon la plus grotesque et la plus ridicule. Nous n'épar gnâmes rien pour lui faire bon accueil, ainsi qu'à sa suite; et quand la liqueur commença à opérer, le vieux chef devint très-communicatif et fort amusant; il parla sans interruption pendant un temps considérable, faisant des *aparte* à demi-voix avec l'interprête, pour lui recommander de ne pas oublier de nous rappeler, après son départ, le cadeau que nous lui avions promis; car, il eût été de la dernière grossièreté de faire mention de rien de semblable en sa présence. Notre rhum avait agi de même sur ceux qui étaient restés dans la cour: jeunes et vieux, gras et maigres, se mirent à danser et à faire les plus étranges contorsions, jusqu'à ce qu'ils fussent hors d'état de se tenir debout. C'était un spectacle risible que de les voir défiler en ligne ondoyante et chancelante, ayant à leur tête leur vieux chef, grave, solennel et trébuchant. Nous fûmes trop heureux de nous en débarrasser à si bon marché. Hooper vint bientôt après réclamer, de la part de «douze gentilshommes» de la ville anglaise, une somme de cent-vingt dollars, à partager entre eux. Nous n'avions pas de choix, et il nous fallut céder à la demande de ces avides drôles.

Il se faisait tard quand nous reçûmes la visite dont Adouly nous avait menacés. Il venait examiner le contenu de nos malles. Il était porté dans un hamac par deux hommes, et avait pour vêtemens une chemise anglaise, un manteau espagnol, un turban et des sandales; trois petits garçons demi-nus l'accompagnaient, et vinrent un à un se placer aux pieds de leur maître, selon leur coutume. L'un d'eux tenait un long sabre, l'autre un pistolet, le troisième un hâvresac rempli de tabac. Nous offrîmes au chef de l'eau-de-vie, d'une force égale à de l'esprit-de-vin; il en but en quantité et avec un plaisir manifeste. Chaque fois qu'on en versait dans son verre il permettait aux jeunes garçons d'en boire une partie, et quoi que cette liqueur fût des plus ardentes, ces enfans l'avalaient sans la moindre grimace, ni la plus légère altération de traits. Rien ne peut égaler le goût ou plutôt la passion des naturels pour les spiritueux; ils en font cas à proportion de leur effet enivrant. Adouly fuma presque tout le temps qu'il passa avec nous; cependant, à mesure que chaque malle s'ouvrait, il ôtait lentement sa pipe de sa bouche, comme indifférent à tout ce qui se passait; mais, de la couche sur laquelle il était étendu, il regardait avec une intense curiosité chaque objet qu'on soumettait à son observation. Tout ce qui, selon lui, demandait un plus mûr examen, ou pour parler plus convenablement, tout ce qui le tentait, était remis entre ses mains, à sa propre requête; mais, comme il eût été impoli de le rendre après l'avoir souillé en y touchant, le chef le remettait, de l'air de la plus complète nonchalance, à ses pages accroupis, qui le faisaient disparaître aussitôt entre leurs jambes. Le bon goût d'Adouly ne pouvait être mis en doute; et nous vîmes sans surprise, mais avec chagrin, passer une grande partie de ce que renfermaient nos malles des mains du monarque dans celles de ses jeunes favoris. Rien ne lui semblait indigne d'être accepté, depuis du beau drap écarlate jusqu'à un sifflet d'un sou. Le roi nous demanda même une couple de ces petits instrumens pour charmer ses loisirs dans la solitude. Et quoiqu'il ait reçu des fusils, des munitions, et une foule d'objets, montant à près de trois cents onces d'or (1), il est si loin d'être satisfait qu'il grommèle sans cesse, et se dit mécontent. La reconnaissance lui est aussi inconnue qu'à ses sujets; plus on leur donne, plus ils deviennent avides et importuns. Il n'y a pas jusqu'à la nourriture qu'ils nous voient manger,

(1) Dans cette partie de la côte d'Afrique, l'once d'or représente la valeur d'environ cinquante francs de notre monnaie.

jusqu'aux habits que nous portons, qu'ils ne nous demandent d'un ton patelin, et avec des manières rampantes, qui créent le dégoût et le mépris à la première vue.

Il était près de minuit lorsqu'Adouly se leva pour partir. Il emportait de la toile, du drap, des cotonnades, des pipes, des tabatières, des coûteaux, du papier, de l'encre, des sifflets, etc., etc; et même quelques-uns de nos livres, tant son avarice était insatiable.

26 *mars*.—Nous nous sommes levés de bonne heure ce matin afin de mettre nos effets en ordre, et dans l'espoir de déjeûner avec un peu de calme et de bien-être; mais, à peine étions-nous assis, que nos connaissances, demi-nues, et grimaçant des sourires, sont entrées pour prendre congé de nous. Malgré notre ennui, l'imitation des saluts et des politesses européennes était quelque chose de si comique, que nous avons fini par rire tout de bon. Le rhum, dont le lieutenant Matson nous avait si bien approvisionné, touche à sa fin, et, à notre grande satisfaction, le nombre des visiteurs a sensiblement diminué; il nous arrive même de pouvoir jouir d'une heure ou deux de repos dans le jour, luxe que nous n'osions nous promettre. Le chef a envoyé son fils ce matin nous demander encore quelques

aiguilles et du petit plomb. Nous ne pouvons guère nous défaire de ce dernier article, et pourtant il serait impolitique de se refuser à ces pressantes sollicitations.

Les chevaux promis par Adouly nous ont été envoyés pour les examiner; ils paraissent robustes et en bon état; s'ils ne nous jouent pas quelque mauvais tour dans le taillis, ils nous seront certainement fort utiles.

Ce soir l'homme de confiance de Poser, qu'on nous a dit être un des premiers capitaines du roi, est venu nous rendre notre visite, accompagné d'une multitude d'amis et de domestiques. Il était décidé, je crois, par avance, à être de mauvaise humeur avec nous, et il s'était monté la tête pour la circonstance, en faisant un peu plus d'excès que de coutume. Il entra, la figure rouge, empourprée de dépit, de colère et d'ivresse. Il but, avec encore plus d'avidité que ses compatriotes; mais, loin de l'apaiser, la liqueur ne fit qu'accroître sa fureur et son mécontentement. Il demandait tout ce qu'il voyait, et, bien que nous l'eussions satisfait de notre mieux, il redoubla d'injures et de bruit. Il dit qu'il était convaincu que nous étions venus dans le pays avec de mauvaises intentions, et nous accusa de fausseté et de trahison. Selon lui, nous

nous étions rendus coupables d'un mensonge patent, en affirmant que notre seul motif pour entreprendre ce voyage était de recouvrer les papiers de M. Park à Yaourie. Il était sûr que nous craignions de dire la véritable raison qui nous faisait laisser notre pays. Nous supportâmes ses injures avec assez de sang-froid, et le méchant vieillard sortit, après s'être épuisé en invectives.

Il est réellement triste et décourageant de penser que, malgré le sacrifice que nous avons fait de tout sentiment personnel pour nous concilier la bonne opinion de ces gens, malgré la continuelle fatigue, les inconvéniens de tout genre que nous avons endurés, malgré nos petits artifices, nos rires forcés, nos grimaces surhumaines, les poignées de mains prodiguées, sans compter les bruits effroyables, les odeurs nauséabondes que nos organes ont eus à subir; il est dis-je, cruel de rencontrer des misérables pleins de haine et de préjugés contre nous, et assez ingrats pour prendre plaisir à empoisonner les esprits de la foule, et pour affirmer publiquement que nous sommes des espions anglais, et mille autres inventions aussi fausses et aussi malicieuses. Certes, je plains de tout mon cœur le sort de l'homme qui serait obligé de traîner ici une année d'existence. Pour nous du moins il y a quelques dédommagemens; nous sommes forts, bien portans, et animés peut-être de quelque orgueil en songeant à notre but et aux obstacles qu'il nous faudra surmonter. Avec l'aide du ciel nous prospérerons dans notre entreprise, car notre confiance et notre espoir de succès reposent en Dieu. Puis, même ici, nous avons eu notre part de plaisirs et de jouissances. La pureté du ciel, son éclat, la douceur de la lune et sa clarté dorée, les feux plus vifs des étoiles, le silence de la nuit, le chant et le vol des oiseaux, le bourdonnement des insectes, l'aspect neuf, varié et magique de la nature, tout cela nous charme et se mêle aux souvenirs de la patrie et des amis au loin : ce sont là les vraies joies que rien ne peut nous ravir.

Demain expire le jeûne du Ramadan; et cette fête sera célébrée par les Musulmans qui habitent Badagry.

Samedi, 27 mars.—Les clameurs et le jargon du nos hôtes nous poursuivent jusque dans notre sommeil, et nos rêves sont troublés par des *palavers* imaginaires, qui sont encore plus fatigantes et plus désagréables, s'il est possible, que la réalité. De bonne heure ce matin, nous avons été tirés d'un de ces pénibles cauchemars par le rugissement de la hyène, le chant perçant des coqs, le rauque coassement des grenouilles, le bruyant murmure des mouches de nuit et des mosquites, des myriades de grillons et autres insectes, dont les bourdonnemens sonores retentissaient dans l'air, comme s'il eût été traversé de mille sifflemens.

Au lever du soleil deux Mahométans vinrent nous inviter à les accompagner au lieu où devaient se célébrer leurs rits religieux. Cette cérémonie étant pour nous une nouveauté, nous acceptâmes la proposition avec plaisir, et les suivîmes à environ un mille de notre demeure. C'était un espace nu, une espèce de place entourée d'arbres et couverte de sable. Là nous vîmes un grand nombre de naturels, disposés en groupes, et fort affairés à remplir leurs devoirs d'ablution et de lustration. Il n'y avait point de fontaine à proximité, ils étaient obligés d'apporter de l'eau dans des calebasses. Assis commodément à l'ombre d'un myrte, nous pouvions observer toutes leurs actions sans en être vus. Une foule d'enfans surprirent notre cachette et y firent invasion, et, à dire vrai, leurs jeux et la grâce de leurs mouvemens nous amusèrent plus que toutes les graves momeries des adorateurs de Mahomet. Il arrivait continuellement du monde, et chaque groupe était salué pour sa bien venue d'un morceau de musique exécuté par une clarinette du pays. Tous avaient revêtu leurs habits de fête, et les parures étaient aussi clinquantes que variées : il en résultait un mélange de couleurs vives, et un aspect général tout-à-fait pittoresque. De larges *tobés* ou grandes robes flottantes, tantôt rayées, tantôt blanches, des bonnets et des turbans rouges, bleus, noirs, formaient un contraste agréable avec le costume originaire de Badagry, composé d'une pièce de cotonnade jetée sur les épaules, et d'énormes chapeaux de joncs tressés. Les toiles de Manchester, à grands dessins et à couleurs tranchantes, se distinguaient dans la foule et ne le cédaient en éclat qu'aux écharpes de soie verte, ornées de feuilles et de fleurs en or, et aux tabliers couverts de paillettes d'argent. De tout petits enfans fléchissaient sous le poids des vêtemens et des ornemens; tandis que de jeunes garçons, un peu plus âgés, portaient une quantité d'armes offensives. Le cimeterre turc, la dague portugaise renfermée dans un fourreau d'argent, le sabre français, brillaient au soleil; et de pesans coutelas, de grossiers couteaux, fabriqués par les indigènes et à-demi rongés par la rouille, étaient pompeusement étalés. Les joyeux Musulmans maniaient avec délices de lourds mousquets, des fusils de chasse européens et des pistolets arabes. Le nombre des religionnaires ne passait pas cent cinquante. Peu de temps après notre arrivée ils formèrent six lignes parallèles, et s'étant débarrassés de leurs ornemens superflus et d'une portion de leurs habits, ils prirent un air grave et recueilli, et commencèrent leurs exercices religieux avec une ferveur digne d'un meilleur culte. Les Musulmans sont ici des adeptes accomplis, du moins quant aux formes extérieures de leur religion, comme nous en pûmes juger dans cette circonstance; et ce que nous avons vu de leur vie privée nous donne bonne opinion en général de leur tempérance et de leur sobriété. La fin de la cérémonie fut annoncée par les nombreuses décharges des mousquets, des carabines, des pistolets. La clarinette donna le signal d'une joyeuse mélodie, et les longs tambourins arabes, les clochettes, et une timbale solitaire, se mirent en mouvement. Les musiciens africains, comme les anciens ménestrels d'Europe, n'avaient pour encouragemens que l'offrande légère des plus charitables de l'assemblée. Tous semblaient gais et contens, et lors de notre départ, plusieurs, en témoignage de respect, à ce que j'imagine, firent une décharge de leurs armes à nos talons, évidemment enchantés d'eux-mêmes, de nous, et du monde entier. Dans le sentier que nous suivions pour retourner au logis, nous rencontrâmes un homme qui s'acheminait vers le lieu de la fête, vêtu de la façon la plus bizarre : il portait une immense robe de flanelle, et montait une machine qu'on nous dit être un cheval de bois. Des indigènes, de tout sexe, et de tout âge, l'entouraient, riant aux éclats des cabrioles surnaturelles de sa monture, et admirant profondément le génie de l'invention. La figure toute entière était cachée sous l'étoffe de laine, ce qui rendait impossible de découvrir comment on la faisait mouvoir. Il y a quelques années que, dans une ville de l'ouest de l'Angleterre, je vis à la suite d'une troupe de bateleurs, un monstre à peu près semblable, et qui, entr'autres prouesses, avalait des enfans. Selon toute apparence, celui-ci était construit d'après les mêmes principes. La tête, couverte de toile rouge, était surmontée d'une paire d'oreilles de mouton qui représentaient passablement. Cependant, bien qu'il fût facile de voir qu'on avait voulu imiter un cheval, l'ébauche était des plus informes. Aussitôt que cette mascarade atteignit les personnes rassemblées près du théâtre des divertissemens, une explosion de rires, de cris, témoigna de la joie tumultueuse de la multitude. Le soleil brillait dans toute sa splendeur sur ces heureux groupes, épars au milieu d'un site pittoresque, avec leur teint d'un noir de suie, leurs costumes bigarrés, sous des arbres dont le feuillage offrait toutes les nuances de verdure, depuis la teinte sombre de l'if jusqu'au vert frais du peuplier et du chêne. J'étais heureux de ce spectacle, de cette promenade; il me semblait qu'aux chants des oiseaux d'Afrique se mêlait par fois la voix des oiseaux de mon pays natal, le chant sonore de l'alouette et de la grive, avec le gazouillement plus doux du bouvreuil et du linot. C'était, il est vrai, une ravissante matinée, pleine de fraîcheur et de vie, et qui éveillait dans ma mémoire mille touchans souvenirs de jeunesse, de l'âge où j'étais insouciant et heureux. Ces barbares aussi étaient joyeux à la manière des enfans; j'ai oui dire que la joie comme la douleur est chose contagieuse, et je le crois à ce que j'éprouvais.

Le 27 mars est ici ce qu'est le premier mai dans nos campagnes d'Angleterre, une fête de fleurs et d'innocentes réjouissances. Mais malheureusement nous n'avions pas, pour égayer ce jour, les figures blanches et rosées de nos belles compatriotes, et cette aménité, cette grâce féminine qui tempèrent des plaisirs trop bruyans. Le temps et l'habitude me réconcilieront avec ces faces noires, mais jusqu'à présent j'avoue qu'elles ne m'ont inspiré que de l'éloignement.

A cause de la fête, qui est également célébrée par les Mahométans et les Payens, nous n'avons eu aujourd'hui d'autre visite que celle d'une troupe de Mallams, ou savans du Haoussa. Ils nous sont venus, tout parfumés de musc, sous prétexte de nous faire les complimens d'usage, mais bien plutôt pour satisfaire leur amour-propre en étalant devant nous un luxe inaccoutumé. Un ou deux mâchaient des noix de goura (1); d'autres avaient les lèvres, les dents et les ongles, teints en rouge. Chaque Mallam était accompagné d'un petit garçon, bien vêtu, d'une figure agréable, et qui remplissait près de lui les fonctions de page. C'était son *protégé*. Ils ne voulurent ni boire ni manger avec nous; cependant, tant que dura leur visite, ils se montrèrent de bonne humeur, communicatifs et fort intelligens. En réponse à nos questions, ils nous dirent que deux rivières se jettent dans la Kouâra (Quorra) ou grande rivière, à Fonda (Funda); que l'une se nomme *Coudounia*, et l'autre *la Tschadda* (du lac Tschad); qu'un *schooner* ou goëllette peut naviguer sans difficulté sur

(1) *Gola, kula*; fruit du *Sterculia aluminata*.

cette dernière rivière, du Borgou à Fonda; que Fonda n'est qu'à vingt-quatre heures de Benin par eau, et à vingt-neuf jours de marche du Bornou. Après une conversation longue, et pour nous fort intéressante, nos visiteurs nous quittèrent et retournèrent chez eux, fort satisfaits en apparence de notre accueil.

Quoique esclaves d'Adouly, ces hommes jouissent d'une certaine considération; leurs services ne sont réclamés du roi qu'autant qu'il y a guerre. Pendant la paix ils font le trafic des esclaves, qu'ils vendent aux Européens. Ils portaient des *tobés* du pays de Nyffé (Nouffie), des calottes rouges arabes, et des sandales du Haoussa. Comme manières et comme conversation, ils sont fort supérieurs aux sournois et grossiers habitans de Badagry.

Dimanche, 28 mars. — Heureusement pour nous, la fête se continue encore aujourd'hui, et les naturels préfèrent leurs chants, leurs danses, et leurs sauvages orgies, à la vue d'un tonneau de rhum vide, flanqué de deux figures blanches. A quelques exceptions près, nous avons eu relâche de l'éternelle grimace, et du babil intarissable des visiteurs. Ce dimanche a été passé par nous en prières, pour demander à Dieu de nous préserver de tout danger, et de bénir notre entreprise.

Lundi, 29 *mars*. — Hier soir, un Fanti a été volé, et poignardé par un assassin au-dessous des côtes; on désespère de sa vie. Peu après cette catastrophe, on a célébré un *fétiche*, ou rit religieux, sur les restes d'un naturel qui a été trouvé mort, quoi qu'il fût en parfaite santé quelques heures auparavant. Les lamentations des parens du défunt étaient extrêmement lugubres; et il est impossible d'imaginer des sons d'une plus déchirante tristesse.

Hier, le chef nous a fait appeler pour régler enfin les arrangemens relatifs à notre voyage dans l'intérieur; mais nous avons refusé d'entrer en pour-parler un dimanche, et la conférence a été remise à aujourd'hui. Aussitôt déjeûner nous sommes allés trouver Adouly, qui nous a reçu avec sa politesse accoutumée, et son plus gracieux sourire. Il voulait, a-t-il dit, nous apprendre son intention de nous retenir encore un jour ou deux à Badagry, la route ou « sentier », n'étant pas encore assez sûre; il ne voulait pas que sa réputation eût à souffrir de nous avoir mis en péril, et c'était pour nous éviter malheur qu'il avait pris cette résolution. Cependant, il ajouta qu'il engageait sa parole royale de nous laisser libres de partir le matin du jeudi suivant, au plus tard. Or, nous savons que le pays n'a jamais été plus calme, et que toutes ces protestations ne sont que des ruses du malin chef pour éluder nos demandes. Ce qui ajoute à notre vexation, c'est que la saison sèche tire à sa fin, et que nous serons obligés de voyager pendant les mois pluvieux. Quand Adouly nous eut fait cette belle déclaration, il nous pria d'écrire sur du papier, en sa présence, un petit nombre de choses qu'il désirait se procurer du cap Coast, ou d'Angleterre, en échange de la protection qu'il nous avait promise. C'était, entre autres articles, « quatre uniformes pour lui, pareils à ceux que porte le roi de la Grande-Bretagne; et quarante autres habits, moins splendides, pour ses capitaines; deux longs canons en cuivre, avec leurs affûts; cinquante mousquets, vingt barils de poudre, quatre beaux sabres, et quarante coutelas; » auxquels il fit ajouter: « deux poinçons de rhum, un coffre plein d'outils de charpentier, avec des huiles, des couleurs et des brosses; » le roi se vantant d'être serrurier, charpentier, peintre, et d'exercer toute espèce de métiers, hors celui de tailleur. Outre les bagatelles ci-dessus mentionnées, il avait encore besoin d'une demi-douzaine de fusées, d'un fusil pour les lancer, et d'un soldat du cap Coast, en état d'apprêter et diriger le tout. Enfin, il réclamait modestement deux poinçons de cauris (1), en dédommagement d'une partie des dépenses qu'il avait faites pour repousser les attaques des tribus de Porto-Novo, d'Atta et de Juncullie, qui lui avaient déclaré la guerre, pour avoir permis à la dernière mission, conduite par le capitaine Clapperton, de pénétrer dans l'intérieur sans leur consentement. Nous demandâmes ironiquement à Adouly, s'il se contenterait de ces divers articles : sur quoi, ayant réfléchi un moment, et parlé haut à quelques-uns des chefs qui étaient dans l'appartement, il répondit qu'il lui fallait de plus un grand parapluie, quatre tonneaux de mitraille, et un baril de pierres à fusil. Ayant enfin clos la liste, la lettre fut pliée, cachetée et remise au roi, qui dit qu'il l'enverrait au cap Coast par Accra, un de ses hommes de confiance, avec ordre d'y rester jusqu'à ce qu'il eût réuni tous ces objets. Si telle est sa mission, le pauvre messager court grand risque d'attendre long-temps.

Adouly, soupçonnant Hooper d'être dans nos intérêts, a envoyé chercher un jeune homme

(1) Ce petit coquillage indien a cours, comme monnaie, dans plusieurs parties du pays et dans l'intérieur de l'Afrique.

nommé Towkoui, qui comprend un peu l'anglais, et lui a commandé d'assister à la conférence, pour veiller à ce que Hooper ne fît point d'erreur, et pour voir si tout ce que le chef demandait avait bien été enregistré.

Pendant cette longue et sérieuse conversation, trois chats faisaient de la musique, au moyen de trois clochettes attachées à leur queue par une longue ficelle, et qui rendaient un son argentin, dès qu'ils jugeaient à propos de courir et de s'amuser. Un petit garçon, placé tout exprès dans un coin de l'appartement, tournait la manivelle d'un orgue de Barbarie, dont on nous faisait les honneurs.

Nous avons reçu aujourd'hui la visite d'une jeune femme de Jenna, accompagnée d'une de ses amies, native du Haoussa. Les cheveux de la première étaient tressés avec une si grande netteté, que nous témoignâmes le désir de les examiner de plus près. La pauvre fille n'avait encore jamais vu d'homme blanc, et cette permission nous fut accordée avec beaucoup de timidité, et même avec un léger sentiment de crainte, qui se trahissait à la lenteur qu'elle mettait à dénouer son turban. Cependant, notre curiosité ne fut pas plustôt satisfaite que sa compagne nous demanda deux cents cauris, alléguant que c'était le prix payé par les hommes de l'intérieur pour voir de près une chevelure de femme. Nous fûmes obligés de nous conformer à l'usage, et elles s'en montrèrent ravies. La coiffure qui avait excité notre admiration avait la forme d'un casque de dragon, et les cheveux étaient réunis en haut d'une façon très-ingénieuse. De chaque côté, des nattes formaient des figures irrégulières, et une bande de galon de fil, teint en indigo, entourait la tête, juste au-dessous des cheveux, et semblait collée sur la peau, tant elle était serrée. Cette jeune habitante de Jenna est beaucoup plus attrayante, comme figure et comme formes, que tout ce que nous avons vu depuis notre débarquement. Elle est jolie, et ses manières modestes et réservées ajoutent au charme de sa figure et commandent le respect. Ses paupières étaient teintes avec une poudre d'un noir bleuâtre, que j'imagine être la substance décrite dans une note du « Vathek » de M. Beckford. Toute sa personne avait un aspect de propreté, et ses vêtemens flottans ne manquaient pas de grâce. Avant de se retirer, l'indigne compagne de la jeune fille nous apprit que sa *protégée* était mariée; mais que le mari étant resté à Jenna, elle tâcherait, de nous la ramener le soir, après le coucher du soleil. Nous refusâmes cette offre avec horreur; et nous étions réellement peinés de voir tant d'innocence et de douceur livrées à l'avarice et aux ruses de cette mauvaise créature. Jusqu'ici nous avons vainement cherché à découvrir une seule vertu dans les naturels de Badagry.

Le soir, comme pour faire opposition à la visite du matin, une vieille femme, hideuse et toute ridée, entra chez nous, et commença à nous accabler mon frère et moi des protestations de sa tendresse. Elle avait bu tant de rhum qu'elle avait peine à se tenir debout. Sa figure était des plus repoussantes, et l'absence de quatre dents de devant qui lui manquaient, faisait rentrer sa lèvre supérieure, et produisait la plus désagréable moue. Dégoûtés par l'extérieur de cette vieille sorcière, et par sa familiarité, peu flatteuse pour notre amour-propre, nous la mîmes à la porte sans plus de cérémonie.

Ce soir, à la requête de plusieurs des naturels, nous avons tué un faucon, qui planait au-dessus de notre hutte. Ils ont mangé le corps de l'oiseau, et conservé la tête et les serres, afin « d'avoir l'œil perçant et le pied agile. » Le roi ne veut pas nous permettre d'aller à Jenna par le plus court sentier battu, parce qu'il faudrait traverser une terre fétiche ou sacrée, et qu'en y posant le pied nous serions frappés de mort.

Mardi, 30 *mars*.—Les événemens de ce jour se peuvent raconter en peu de mots. Nous avons eu l'agréable nouvelle que le roi de Jenna est enfin venu de Katunga habiter ses nouveaux domaines. Son messager, arrivé ce matin, nous a visités dans l'après-dîner, accompagné d'un ami. Selon notre coutume, nous l'avons régalé d'un verre de rhum, dont il a lancé la première gorgée, de sa bouche dans celle de son compagnon, et *vice versâ*. C'est la première fois que nous sommes témoins de ce sale et dégoûtant cérémonial. Le chef nous a de nouveau envoyé chercher, pour nous dire, qu'en addition à ses extravagantes demandes, il avait envie d'un *bateau à canons*, avec cent hommes; plus, de quelques pipes communes pour son usage particulier. Il nous a été très-facile de lui donner un billet à ordre pour la première partie de sa requête, mais, quant aux pipes, il n'y a pas moyen de songer à s'en défaire, à la veille d'un long voyage, pour lequel nous n'avons rien de trop; je suis même persuadé que nos présens seront épuisés long-temps avant que nous ayons accompli notre mission. Nous avons écrit, sans plus de difficultés, une traite pour quarante onces d'or, qui doivent être distribuées au chef de la ville anglaise et à nos autres partisans. Nous venions de terminer ces petits arrangemens à la satisfaction de chacun, lorsqu'à notre agréable surprise, le chef nous annonça que nous quitterions Badagry demain, après-midi, avec le messager nouvellement arrivé de Jenna. Nous sommes donc sur le qui vive, et disposons tout pour le départ ; souhaitant du fond de l'âme de ne plus rencontrer d'aussi importuns et d'aussi insatiables amis que ceux qui nous ont persécutés pendant notre séjour dans cette ville.

Le sol de Badagry consiste en une couche de beau sable blanchâtre, sur un fond de glaise et de terre argileuse. Le sable est si fin et a tant de profondeur, qu'on n'y peut marcher sans beaucoup de peine et de fatigue. Les naturels cultivent l'igname et le blé de Turquie : ils se nourrissent principalement de poissons. Leurs ustensiles de pêche sont des filets, des lances, des pots de terre, dans lesquels ils mettent pour appât de la noix de palmier. Ces pots ont de petites ouvertures, un peu comme celles des souricières ordinaires. Les environs produisent en abondance des oranges, des limons, des noix de coco, des bananes, etc.

La classe la plus aisée possède des moutons, des chèvres, des volailles, et des bestiaux de petite taille originaires du pays. Le roi lui-même est nourrisseur et boucher. Lorsqu'il a besoin d'argent, il fait tuer un de ses bœufs, et le fait vendre publiquement au marché. Les demeures des habitans sont construites en bambou, et recouvertes en feuilles de palmier. Elles contiennent plusieurs appartemens, tous au rez-de-chaussée. Quelques maisons ou huttes sont à peu près rondes, comme les *coüsies* (1); d'autres ont la forme d'un carré oblong. Elles ont toutes de jolies cours, plantées de limoniers et d'autres arbres; et c'est plaisir de voir la propreté et le bon goût qui règnent dans ces petites avenues. La terre est extrêmement fertile; si on pouvait décider les naturels à secouer leur indolence innée, et à consacrer un peu plus de temps et d'attention à l'amélioration du sol, le pays atteindrait bien vite au plus haut degré de prospérité et de richesse. Tel qu'il est, la végétation y croît spontanément, avec un merveilleux luxe, et toujours verdoyante.

Si l'on pouvait embrasser d'un seul coup-d'œil Badagry et ses environs, on aurait, je crois, une vue délicieuse; mais le terrain est

(1) Case ronde et toute en paille. Voyez la carte.

partout si bas et si plat, qu'on ne distingue pas la plus petite éminence.

Les circonstances particulières dans lesquelles nous étions placés, le court séjour que nous avons fait parmi les naturels, nous rendent difficile de bien juger leurs mœurs et leur caractère. Peut-être n'avons-nous vu que leur mauvais côté, car ils nous ont considérés comme leur proie, et ont exercé contre nous, sans scrupule, leur ruse et leurs mauvais penchans. Si nous eussions rencontré parmi eux un seul brave homme, nous aurions pris plaisir à proclamer le fait : malheureusement, il n'en a pas été ainsi. Nous n'avons trouvé chez le roi, comme chez le dernier de ses sujets, qu'égoïsme et avidité. La religion des Badagriotes est le mahométisme, et la pire espèce de paganisme, celui qui sanctionne et enjoint les sacrifices humains, le culte des démons, et autres pratiques abominables.

Quelques-uns des habitans ont retenu un certain nombre de mots anglais, de ceux que les écoliers et les enfans appelleraient « très-vilains », et ils les prononcent à tout moment, sans y attacher aucun sens particulier. Nous ne quitterons pas les Badagriotes sans signaler une qualité assez commune chez les jeunes gens;

c'est un profond respect pour les vieillards, à qui l'on montre une déférence qui n'a peut-être jamais été surpassée à aucune époque, ni dans aucun pays, pas même à Sparte.

ADOULY,

CHEF OU ROI DE BADAGRY.

Addalé, ou *Adouly*, comme on le nomme généralement, est le souverain actuel de Badagry, et le plus jeune frère du dernier chef de Lagos. Pendant la vie de son père, et plusieurs siècles auparavant, Badagry était une province tributaire de Lagos, comme de temps immémorial Lagos est tributaire du puissant roi de Benin. Dès sa première jeunesse, Adouly montra de l'activité, de l'intelligence, et un penchant extraordinaire pour les arts mécaniques. Cette disposition attira l'attention de son père, qui l'encouragea autant que le lui permirent ses faibles ressources industrielles. Adouly n'avait pas quinze ans qu'il était déjà assez bon charpentier, peintre, armurier, et forgeron. Son père, qui lui montrait plus d'affection qu'à aucun de ses autres enfans, et qui admirait son génie, le nomma son successeur, à son lit de mort, à l'exclusion de son premier-né, et contre les lois du pays, qui font invariablement de l'aîné l'héritier légitime. Cependant, après la mort du chef de Lagos, on ne respecta point sa dernière volonté, et son fils aîné régna à sa place. Pendant quelques années, Adouly se soumit à son frère, sans plainte ni murmure. Mais un jour les jeunes gens se querellèrent, et le plus jeune, rappelant les paroles et le vœu de son père, se révolta contre le chef, le traita d'usurpateur, et appelant à lui ses amis, entreprit de lui disputer le pouvoir. Tous les esclaves du feu roi, parmi lesquels étaient un grand nombre de Mallams, tous ceux qui avaient un ressentiment personnel contre le chef régnant, ou qui étaient mécontens de la forme de son gouvernement, se joignirent aux partisans d'Adouly et formèrent un corps assez nombreux, décidé à soutenir le nouveau prétendant. Les frères convinrent de trancher la querelle par le sabre, et, un engagement général ayant eu lieu, l'armée du plus jeune eut le dessous, et fut contrainte de fuir avec son chef devant le parti vainqueur.

Craignant les suites de ce revers, Adouly, qui avait tendrement aimé son père, et qui chérissait sa mémoire autant que sa propre vie, mu d'un sentiment de piétié filiale qui n'est pas rare parmi les sauvages, déterra la tête du vieux roi, et l'emporta avec lui dans sa fuite, afin qu'il ne pût lui être fait aucune insulte en son absence. Le corps du chef avait été envoyé à Benin, comme ceux de ses ancêtres, pour orner avec les ossemens le temple sacré de ce lieu : c'est un ancien usage, religieusement observé par les naturels de Lagos. Vers la même époque, Adouly fit un autre trait aussi touchant. Il avait une mère vieille et infirme, qu'il résolut d'emmener après sa défaite, quelles qu'en pussent être les conséquences. Avec sa prévoyance accoutumée, il avait fabriqué une espèce de cage ou boîte, pour la transporter en cas de nécessité. Dès qu'il eut mis la tête de son père en lieu sûr, il revint supplier sa mère d'employer sans plus de retard le seul moyen qui lui restât de sauver sa vie. Elle y consentit, et accompagnée de son fils et d'une poignée de ses partisans, elle fut portée sur les épaules de quatre esclaves jusqu'à un village peu éloigné de Lagos, mais où ils se croyaient à l'abri des poursuites. Leur espérance fut déçue; le frère aîné, soupçonnant les intentions d'Adouly, et redoutant son influence, ne le laissa pas long-temps en paix. Il se remit en campagne, et traqua le fugitif de place en place comme une bête féroce. Celui-ci, se retirant devant l'ennemi, atteignit enfin la ville florissante de Badagry; là, épuisé d'efforts et de fatigues, découragé par ses malheurs, il déposa sa mère bien-aimée sur l'herbe, s'assit à côté d'elle, et se mit à pleurer. Ce spectacle émut les principaux de la ville; touchés de son dévouement et de sa piété filiale, ils le plaignirent, et résolurent de le protéger et de le défendre. Ils s'assemblèrent à la hâte, tinrent conseil, et engagèrent Adouly à venir. Lorsqu'il fût au milieu d'eux ses larmes continuèrent à couler le long de ses joues; ils lui demandèrent pourquoi il pleurait? « Fol enfant », dirent-ils, « essuie ces larmes qui sont indignes de toi, et montre-toi homme et prince. De ce moment nous t'adoptons pour chef; tu marcheras le premier; nous combattrons ton frère, et nous aurons le dessus ou nous mourrons. Ta mère peut habiter ici en sûreté, et le crâne de ton père y sera en honneur. Viens donc; oublie tes craintes, et mène-nous contre tes ennemis. » Ces derniers étaient dans le taillis, tout près de Badagry, lorsque Adouly et ses généreux amis sortirent armés de la ville. Le combat, ou plutôt les escarmouches, durèrent plusieurs jours; il y eut, dit-on, beaucoup de monde tué de part et d'autre : mais l'avantage resta aux Badagriotes qui, plus au fait du terrain et des passages secrets du bois, purent se mettre en embuscade et attaquer leurs adversaires à l'improviste. Les habitans de Lagos, renonçant enfin à cette lutte inégale, retournèrent dans leur pays. Adouly se trouva ainsi possesseur d'une ville importante qui se déclara à jamais indépendante de Lagos. Depuis lors, plusieurs tentatives ont été faites pour forcer les Badagriotes à rentrer dans le devoir. Ils ont bravement défendu leur liberté, et par suite les tribus voisines ont reconnu leur indépendance.

En 1829, le chef guerroyant de Lagos mourut. Adouly, jugeant l'occasion favorable pour revendiquer ses droits au trône vacant, assembla ses fidèles sujets, dans l'intention d'aller attaquer sa ville natale. Il imaginait que, son frère étant mort, il trouverait peu d'opposition chez ses compatriotes. Mais il s'abusait; on lui résista avec courage. Son frère avait laissé un fils encore enfant, qui fut proclamé héritier légitime par le peuple décidé à le soutenir.

Les envahisseurs furent repoussés et complètement battus, malgré leur bravoure éprouvée et le mépris le plus complet du danger. Ils regagnèrent Badagry en désordre, sans avoir rien accompli. Ce fut dans cette malheureuse expédition que furent tués Bombani et tous les principaux guerriers d'Adouly. Depuis, d'autres tentatives ont été faites sans plus de succès. A notre arrivée, le chef était encore sous le poids de ces diverses humiliations et de plusieurs désastres; mais il eut l'artifice de les attribuer au blâme et à la colère qu'avait excitée chez ses voisins la permission qu'il avait donnée à la dernière mission africaine de traverser ses domaines et de pénétrer plus avant dans l'intérieur.

La justice s'administre quelquefois, à Badagry, au moyen d'un grand chapeau de bois, à trois cornes, qu'on place sur la tête du coupable lors de l'examen. Il entre sans doute dans la construction de cette bizarre mécanique quelque ressort secret qui la fait mouvoir, sans aucune cause apparente, d'après le même principe qui fait agir un automate ou une marionnette. On croit que les prêtres seuls sont dans le secret. Si l'on voit remuer le chapeau tandis qu'il est sur la tête de la personne soupçonnée, elle est condamnée sans autre preuve: si, au contraire, il reste immobile, son innocence est incontestable, et elle est de suite acquittée. La renommée de ce merveilleux chapeau fait grand bruit dans la ville, et on en conte autant d'histoires surprenantes qu'on en contait en Angleterre, il y a deux siècles, de la fameuse tête de bronze de Roger Bacon.

Un homme respectable, le chef de la ville française, a subi l'épreuve du chapeau, il y a peu de temps. On l'accusait de s'être laissé gagner par le chef de Lagos, et d'en avoir accepté un présent pour empoisonner Adouly. Le fatal chapeau ne fut pas plutôt sur sa tête qu'on le vit remuer légèrement, puis s'agiter avec violence. Le criminel sentit ce mouvement, et fut épouvanté au point de s'évanouir. En revenant à lui il confessa son crime, et implora son pardon d'Adouly, qui le lui accorda, dit-on, à cause de sa douleur et de son repentir, mais bien plutôt à cause de son rang et de ses relations.

Pendant notre séjour à Badagry, le thermomètre de Farenheit a varié de 86 à 94° dans l'intérieur de la maison, se maintenant habituellement plus près du second point que du premier.

CHAPITRE II.

Départ de Badagry. — Navigation de nuit. — Passage à travers Wow. — Marché. — Orage. — Sagbu. — Le marais. — Basha. — Soato. — Bidjie. — Visite au chef. — Le ruisseau Yow. — Beaux sites. — Arrivée à Laatou. — Route de Larro à Jenna. — Singulière coutume. — Jenna. — Le nouveau gouverneur. — Aventure arrivée à Paskoe. — Le prêtre-fétiche. — La veuve.

Mardi, 31 *mars*. — Enfin, ce matin même nous avons fait nos adieux au chef de Badagry, et notre journée s'est passée à préparer nos paquets pour le départ. Au coucher du soleil nous étions au bord de la rivière, espérant trouver là un canot qui, selon la promesse d'Adouly, avait dû y être envoyé pour notre usage. Mais après deux heures d'attente, voyant que rien ne paraissait, nous avons placé les effets dans deux petits canots oubliés sur la rive; en peu de minutes ils ont fait eau, et force a été d'attendre, aussi patiemment que possible le moyen de transport qu'on nous avait promis. La tiédeur et l'indifférence du chef, qui a tant obtenu de nous, et qui se flatte d'en recevoir encore davantage, se trahissent en toutes choses; maintenant que nous en avons passé par tout ce qu'il a voulu, il ne s'inquiète nullement de nos affaires. Deux autres longues heures se sont écoulées, et Hooper a enfin paru dans le canot de guerre d'Adouly qu'il avait décidé ce chef à nous prêter. Ce bateau, d'environ quatorze pieds de longueur, a été sur-le-champ placé entre les deux autres, leur contenu y a été promptement transféré, et il était de dix à onze heures du soir quand nous nous sommes bravement lancés au milieu du courant, fendant lentement et silencieusement les ondes, à l'aide de longues perches au lieu de pagaies. C'était une nuit claire et charmante; la lune brillait dans sa gloire comme un bouclier d'argent, et le firmament, réfléchissant sur la surface unie des eaux sa voûte étoilée, se joignait avec son image, de façon à former un globe parfait. Les rives, sans rien avoir de magnifique, étalaient des sites beaux et sauvages, auxquels ce délicieux clair de lune prêtait des charmes de plus. Les bords étaient bas et couverts çà et là d'arbres rabougris; une factorerie d'esclaves et une hutte fétiche étaient les seuls batimens en vue. A l'avant du canot, à quelque distance, nous ne pouvions nous lasser d'admirer, quand les détours de la rivière nous permettaient de l'apercevoir, un noble et solitaire palmier, dont les hautes branches se courbaient à fleur d'eau : il nous apparaissait comme un majestueux bouquet de plumes, ondulant sur la tête d'une belle femme.

Après avoir fait environ dix milles dans la direction de l'ouest, nous avons tourné tout-à-coup, remontant un bras de la rivière qui descend du nord, et laissant à notre gauche le village de Bawie où le capitaine Clapperton débarqua. Plusieurs petites îles, couvertes d'herbes marécageuses, sont éparses sur les eaux, et habitées par des myriades de grenouilles qui nous étourdissaient de cris plus rauques et plus discordans que jamais volée de corbeaux n'en fit entendre dans toute la chrétienté. A mesure que nous filions le long des bords, nos rameurs parlaient à leurs prêtres, invisibles pour nous, du ton de voix le plus sépulcral, et les réponses avaient le même accent surnaturel et lugubre. Ce fut notre sérénade de nuit. Malgré la nouveauté de notre situation et l'intérêt excité par tous les objets qui nous entouraient, je me sentis vaincu par la fatigue, et m'enveloppant d'un vêtement de flanelle, je m'endormis profondément.

Mercredi, 1er *avril.*—La dure et inconfortable couche sur laquelle nous avions reposé la nuit nous avait brisé tout le corps, et ne nous laissa pas prolonger notre somme. Réveillés à six heures, nous nous trouvâmes toujours sur la rivière que notre canot effleurait à peine en glissant lentement dessus. Mais le fleuve, d'abord d'un demi-mille et quelquefois plus, n'avait maintenant qu'environ vingt pas de largeur; des plantes marines obstruaient presque toute sa surface, et des miasmes de marais, chargés de vapeurs délétères, s'élevaient sur ses bords comme d'épais nuages. L'odeur en était singulièrement désagréable. En une heure nous eûmes atteint l'extrémité de la rivière, dans laquelle se jetait un courant d'eau limpide. Ici notre canot fut traîné à travers un marais jusqu'à un ruisseau profond, mais étroit : tellement étroit, que c'était tout au plus si le canot pouvait y voguer sans s'accrocher et se perdre dans les branches des arbres qui croissaient en abondance jusque dans l'eau. Un peu plus loin, le passage s'élargit un peu ; les plantes marines et les broussailles disparurent entièrement ; les rameaux des beaux arbres qui se courbaient du rivage s'étendaient sur nous et nous ombrageaient, formant une voûte impénétrable aux rayons du soleil. La rivière et ce petit affluent sont remplis d'alligators et d'hyppopotames ; des canards sauvages et une variété d'autres oiseaux aquatiques s'y rendent en grand nombre; les singes et les perroquets habitent les branches des arbres, et y font un abominable caquetage tout le long du jour. A huit heures et demie du matin, nous descendîmes à terre en présence d'une grande multitude qui s'était réunie pour nous voir.

Traversant une place où se tenait une grande foire ou marché, et où plusieurs milliers de gens étaient rassemblés, occupés à acheter et à vendre, nous sommes entrés dans une ville, appelée *Wow*, d'une étendue considérable, et pittoresquement située dans une vallée. La plus grande partie des habitans n'avait jamais eu occasion de voir des hommes blancs ; on peut donc supposer que leur curiosité était extrême. Deux des principaux de la ville vinrent à notre rencontre, précédés par des esclaves qui portaient de larges parasols de soie, et par un musicien qui poussait de si terribles sons en soufflant dans une corne, que nous nous trouvâmes heureux de nous réfugier le plus tôt possible dans la maison du chef. L'appartement dans lequel nous fûmes introduits est surmonté d'un toit, fait précisément comme le toit d'une grange anglaise retourné. Au milieu, qui arrive à quelques pouces du plancher, est pratiqué un grand trou carré pour laisser arriver l'air et l'eau du ciel à un petit arbrisseau qui croît directement au-dessous. Le plus remarquable, sinon l'unique ornement de la chambre, était une quantité d'os de machoires humaines appendus aux parois comme des chapelets d'ognons. Après une très-cérémonieuse présentation, nous fûmes libéralement régalés de l'eau d'une calebasse : c'est une politesse que les naturels font à tous les étrangers; on nous conduisit ensuite dans une très-petite chambre. Mon frère, qui était demeuré éveillé la nuit d'avant, entreprit de reposer un peu, mais nous fûmes tellement obsédés par les visites, les entrées, les sorties continuelles, les décharges de mousqueterie, le babil des femmes, les criailleries des enfans, les bachiques supplications des hommes, jeunes et vieux, et le rire des naturels, rire que je n'essaierai pas de décrire et qui approche singulièrement du hennissement d'un cheval, qu'il nous fut impossible de fermer les yeux.

Le marché de cet endroit est abondamment fourni de blé d'Inde, d'huile de palmier, etc., ainsi que de *trona* ou sous-carbonate de soude, et autres articles apportés par les Arabes errans des frontières du désert de Zahra. D'après les lois promulguées par le fétiche, il n'est permis ni à un blanc, ni à un cheval, de passer la nuit à Wow. Nous ne savons ce que sont devenus les chevaux qui devaient nous précéder par terre; ils ne sont pas encore arrivés; quant à nous, il nous faudra nous rendre à un village voisin pour y attendre le jour. Notre direction vers cette ville, à travers la crique, était nord nord-est, et Badagry en est éloigné, par le chemin que nous avons pris, d'environ trente milles.

Un violent ouragan mêlé de tonnerre, que l'on appelle *tornado* sur la côte, a éclaté cette après-midi, et nous a confinés dans la pire chambre de la pire des huttes, jusqu'à ce qu'il se fût apaisé et que le temps fût redevenu beau. A trois heures, nous sommes partis, escortés par une multitude de gens de tout sexe, de tout âge, depuis l'enfant jusqu'au vieillard, salués de sifflets, de gémissemens, d'acclamations : toute cette foule nous suivait, marchant sur nos talons, et remplissant l'air de leurs rires et de leurs railleries. Jamais baladin n'excita dans une petite ville d'Angleterre, aux fêtes de la Pentecôte, plus de rumeur et de bruit que nous en quittant

Wow ce soir-là. Mais c'était jour de foire et de folies, et la licence était de saison. A peine avions-nous fait une douzaine de pas hors de l'enceinte de la ville que nous fûmes assaillis par une formidable averse, qui, en un moment, nous trempa jusqu'aux os. Le ravin, ou espèce de creux dans lequel nous marchions, nommé à tort un sentier, fut bientôt le lit d'un ruisseau rapide, et il nous fallut poursuivre ayant de l'eau jusqu'aux genoux. Nous traversâmes ainsi une forêt de l'aspect le plus mélancolique, et atteignîmes le village de *Sagbu*, à environ huit milles de Wow. Nos vêtemens étaient à tordre, et le temps continuant à être mauvais, il s'écoula quelques minutes avant que personne se présentât pour nous inviter à entrer. A la fin, le chef vint nous souhaiter la bien-venue dans ses états, et nous introduisit aussitôt dans un appartement étroit et long, où nous nous sommes établis pour la nuit. C'est une chambre bâtie en terre, ayant deux ouvertures pour laisser pénétrer l'air et la lumière. De turbulentes chèvres occupent un des bouts pendant que nous prenons possession de l'autre. Paskoe et sa femme couchent sur des nattes à nos pieds, et un gros Roger Bon-temps, muni d'une cruche d'*ale* appartenant au chef, les sépare des chèvres. Le reste de nos gens n'a pas où dormir. Les murailles de notre chambre à coucher sont ornées de chapelets d'os desséchés que le vent fait bruire les uns contre les autres, de charmes écrits ou fétiches, de peaux de moutons, d'arcs et de flèches. Notre repos n'a pas été à beaucoup près aussi complet que nous l'eussions désiré, grâce aux essaims de mosquites et de fourmis noires qui n'ont cessé de nous piquer jusqu'au matin.

Vendredi, 2 *avril*.—Entre six et sept heures, nous avons continué notre route, à travers les bois, et de larges pièces de terre vagues et découvertes; et à onze heures du matin environ, nous sommes arrivés au bord d'une gorge profonde, plus romantique, plus sauvage, plus pittoresque, qu'on ne peut l'imaginer. Elle est enclose et abritée de tous côtés par des arbres d'une hauteur et d'une dimension surprenantes, qui la cachent sous d'épaisses ombres. C'est un lieu tel que l'imagination le pourrait créer pour en faire la demeure des génies et des fées, tant il est grave, mélancolique et mystérieux; il n'y manque que les ruines de quelque vieux château démantelé, ou une roche avec une caverne creusée au-dessous, pour en faire le site le plus admirable; ou plutôt, il n'y manque rien; car il a un genre de beauté qui lui est propre; et nous y vîmes un spectacle merveilleux, que pour rien au monde je ne voudrais passer sous silence. C'était une innombrable quantité de papillons, voltigeant autour de nous comme des essaims d'abeilles. Sans nul doute ils avaient choisi ce lieu de refuge contre la fureur des élémens. Ils étaient variés à l'infini ; ils avaient les plus brillantes teintes, les plus riches couleurs. Les aîles de quelques-uns étaient d'un vert d'émeraude, brodées et tachetées d'or; d'autres étaient d'azur et d'argent ; celles-ci, de pourpre et d'or fondus délicieusement ensemble ; celles-là semblaient taillées dans un épais velours noir, bordé de dentelles. C'était un luxe de féerie.

Pour passer des insectes aux hommes, notre suite formait un groupe à la fois sauvage et imposant. A les voir descendre les sentiers tortueux de la gorge, avec leurs costumes grotesques, les armes, les paquets, leurs teints noirs, leurs physionomies farouches, on eût dit une troupe de bandits en marche pour quelque expédition barbare. Indépendamment des hommes à nous, nous avions engagé vingt des esclaves d'Adouly pour porter nos bagages, car il n'y a point de bêtes de somme dans le pays (1). Arri-

(1) Les fardeaux de tout genre sont invariablement portés sur la tête par le peuple du Yarriba et les naturels des autres contrées de l'Afrique.

vés au fond de la gorge, nous y trouvâmes une longue et dangereuse fondrière, remplie d'eaux fétides et de débris de végétaux en putréfaction. Elle coupait notre sentier, et de toute nécessité il fallait la traverser. Quelques bonnes ames avaient jeté des branches d'arbres dans le marais pour aider les voyageurs; de sorte que nos hommes, s'étant munis de longues perches, et s'en servant en guise de cannes, parvinrent, non sans peine et sans difficulté, à franchir cet obstacle avec nos bagages. Il y eut même moins d'accidens que la nature du terrain ne nous en avait fait craindre. Pour ma part, je passai sur le dos d'un grand et robuste nègre, d'une force surprenante. Il me porta sur ses larges épaules, sans paraître éprouver aucune fatigue, à travers le marais et l'eau, marchant tout le temps sur des branches d'arbres pas plus grosses que la jambe d'un homme, et que la vase rendait très-glissantes. Bien qu'il ne le cédât point en vitesse à ses compagnons, et qu'il n'eût pas un moment ralenti le pas, il ne me déposa de l'autre côté qu'après vingt minutes de marche, le marécage ayant, autant que nous en pûmes juger, un bon quart de mille de longueur. Nous nous rendîmes ensuite à un petit village, appelé *Bàsha;* d'où, sans arrêter, nous continuâmes notre voyage, traversant, vers quatre heures de l'après-midi, un autre village, un peu plus grand, et qu'on nomme *Soâtô* (Soatoo). Là, nous nous sentîmes tellement épuisés par la fatigue et le manque de nourriture, que nous fûmes forcés de nous asseoir, et de prendre un peu de repos.

« Jeunes gens nus, et chefs tatoués, tout admire
Nos costumes, nos teints, nos gestes, notre dire. »

Mais c'est bien la race la plus discourtoise, la plus rustique; et ils nous ont tellement harrassés par leur grossièreté et leurs habitudes mendiantes, que nous nous sommes trouvés heureux de nous en débarrasser en décampant. Ayant traversé deux autres marécages de la même manière que le premier, nous étions si complètement épuisés, qu'il n'y a pas eu moyeu de pousser plus loin. Nous avions marché tout le jour dans un misérable sentier épineux, embarrassé; tantôt en plein soleil, tantôt nous frayant une route à travers les bois et les broussailles. Il est maintenant six heures du soir. Nos gens sont allés à la ville voisine chercher les chevaux qu'Adouly nous avait promis pour hier; et mon frère et moi reposons sous un bouquet d'arbres, près d'une flaque d'eau stagnante, où des femmes se baignent en jetant sur nous de longs regards de côté. C'est un endroit bas, marécageux, malsain, et très-probablement nous serons obligés de coucher sur l'herbe cette nuit. Qu'y faire ? Le village, il est vrai, n'est qu'à quelques milles en avant, mais nous sommes hors d'état de faire un pas de plus.

Samedi, 3 *avril*. — Nous avions fait du feu avec du bois mort et des feuilles sèches, et nous nous étions préparés à passer la nuit sous les voûtes des arbres, étant déjà tout étendus de notre long sur l'herbe, quand nous avons été agréablement surpris par l'arrivée de quatre de nos gens, apportant des hamacs du village voisin. Car, bien que dormir en plein air, ayant le ciel pour dais, pour rideaux un bois sombre et tout ce qui s'ensuit, puisse être, en description, la plus charmante chose du monde, rien n'est plus désagréable en réalité. Les fourmis, les vers noirâtres, les chenilles qui rampent sur votre visage, ont bientôt dissipé les rêveries les plus délicieuses: les hamacs ont donc été très-bien accueillis; et c'est avec un doux sentiment de reconnaissance et de volupteux bien-être que nous nous sommes sentis enlevés dedans. Quel plaisir, après un long jour de marche, que d'être ainsi transportés à dos d'homme, de voir les perroquets et autres oiseaux graves, à physionomie solennelle, vous regarder passer, perchés sur les plus hautes branches, tandis qu'il vous semble que les arbres, eux-mêmes, vacillent et dansent au-dessus de vos têtes, alors, qu'étendus à votre aise, vous admirez la belle lune et toute la brillante armée des cieux.

Après avoir fait huit ou dix milles de cette douce façon, nous sommes entrés dans la grande et populeuse cité de *Bidjie* (1), où le capitaine Pearce et le docteur Morrison tombèrent malades, dans la dernière expédition. A un quart de mille de la ville nous avons rencontré un homme muni d'une corne de vache. Il soufflait dedans avec vigueur, et secondé par le trompette qui nous avait suivi depuis Soato, il nous régala d'une symphonie qui surpassait toutes celles qui nous avaient assourdis jusqu'alors. Deux hommes, portant des ombrelles de soie de couleurs variées, suivaient le musicien de Bidjie; et ainsi honorés et escortés nous fûmes déposés au milieu d'une masse de peuple, dans le centre de la ville. Comme de coutume, les naturels exprimèrent la joie sauvage que leur causait notre présence, en frappant des mains et

(1) Les voyageurs traversent ici pour la première fois la route suivie par Clapperton.

poussant de bruyans éclats de rire. Puis, soudain, au bruit de trois ou quatre tambours, qui annonçaient que le chef était prêt à nous recevoir, toute cette multitude s'ébranla, s'élançant vers l'endroit où nous étions attendus, et où nous fûmes engagés à nous rendre. Le chef nous secoua la main avec grande cordialité, et nous remarquâmes, avec quelque plaisir, que, non-seulement ses éclats de rire, mais ceux de son peuple, avaient quelque chose de plus social et de plus civilisé, que ceux dont nous avions été gratifiés jusqu'alors. Cependant, lorsque je donnai une poignée de mains au fils du chef, bien que cette action n'eût rien de très-plaisant en elle-même, la ville entière retentit des cris et des rires qu'elle excita parmi les regardans; et m'étant avisé de poser la main sur la tête du jeune homme, il n'y eut plus de frein à leurs transports de gaîté; c'étaient de véritables hurlemens.

La cérémonie de présentation terminée, et l'admiration populaire rentrée dans de justes bornes, nous avons souhaité le bonsoir au chef, et l'on nous a conduits à une hutte aérée et commode, dont la façade était ornée d'un pavillon. Peu après, le chef nous envoya une chèvre pour notre souper.

Toute la matinée, et surtout depuis midi,

nous espérions de momens en momens recevoir de Badagry des nouvelles de nos chevaux; et même nous ne nous sommes arrêtés ici que pour les attendre, et pour donner le temps de nous rejoindre aux porteurs de nos bagages, retenus par les marais et les fondrières que nous avions eu tant de peine à traverser. Mais, justement au coucher du soleil, deux drôles nous sont arrivés de Badagry, avec le mortifiant avis que nos chevaux refusaient de venir par eau, et qu'ayant renversé un canot, défoncé l'autre à coups de pieds, ils avaient regagné la rive à la nage, et avaient été reconduits à Badagry. Nous ne doutons pas que l'histoire ne soit forgée tout exprès pour la circonstance. Grace à la mauvaise foi d'Adouly, nous voici donc privés de chevaux. En faisant une marche forcée de deux journées en une, nous nous sommes donné la fièvre; et vraisemblablement nous serons réduits à faire à pied, à l'ardeur du soleil, le reste de la route, jusqu'à Jenna, sans avoir seulement un parasol ou une ombrelle ponr nous abriter. Mon frère avait payé un des chevaux quatre cents dollars, qu'Adouly a oublié de rendre, et probablement le noble chef aura gardé, pour son usage, une couple de selles que nous avions achetées à Accra.

Nos porteurs, tant attendus, sont enfin arrivés, assez tard, avec leurs charges, dont partie a été mouillée et endommagée dans les marais. On nous assure que des chevaux nous seront envoyés demain de Jenna. Mon frère s'est amusé presque toute l'après-midi à apprendre au chef, dont les goûts sont des plus innocens, à jouer d'une guimbarde d'un sou. Mais, grace à la merveilleuse capacité de la bouche et à l'extraordinaire longueur des dents de l'élève, les progrès n'ont pas été remarquables. Ses sujets, cependant, assemblés en grand nombre, ne sont pas de cet avis; quand ils ont entendu leur chef tirer le premier son du petit instrument,

« Leurs applaudissemens ont, par salves bruyantes,
Retenti jusqu'aux cieux. »

Les barrières sont aussi communes, de Badagry à cette ville, que sur les grandes routes d'Angleterre. Au lieu de chevaux, charrettes, etc. ce sont les gens portant charges qui sont taxés. Mais, comme nous sommes sous la protection du gouvernement, on ne nous a fait payer de droit pour aucun de nos effets.

Dimanche, 4 *avril*.—Au soleil levant, ce matin, nous avons commencé nos préparatifs pour quitter la ville, ce qui n'est pas chose aisée, et nous avons envoyé signifier notre intention au chef. Il a exprimé le désir de nous voir, aussitôt que nous pourrions l'aller trouver sans nous gêner. En conséquence, après le déjeûner nous nous sommes rendus à son habitation, qui touche à la nôtre. Conduits à travers nombre de cours et de huttes, habitées seulement par des chèvres et des moutons attachés à des poteaux, et par une quantité de pigeons apprivoisés, nous avons enfin aperçu l'objet de notre visite, accroupi sur une peau de léopard, sous un pavillon d'aspect assez décent. Il était environné de ses joueurs de tambours et autres personnages de distinction qui se rangèrent à notre approche : mais le chef, nous faisant signe de le suivre, se leva dès qu'il nous vit. Après avoir traversé tout un labyrinthe de huttes basses et de portes encore plus basses, nous avons pénétré dans la pièce la plus centrale. Là, on nous a invités à nous asseoir et à boire du rhum. Sur les portes étaient gravées des figures d'hommes qui ressemblent tout-à-fait à ces grossières imitations de la forme humaine, que l'on voit dans plusieurs vieilles églises et chapelles de l'ouest en Angleterre. Le chef nous déclara que nous serions libres de quitter Bidjie aussitôt que la chaleur du soleil serait un peu tombée ; et il promit de nous rendre notre visite avant notre départ. Quand nous nous sommes retirés il nous a suivis à notre insu : mais, trouvant que nous marchions plus vite que lui, et qu'il ne pouvait se mettre à notre pas (car il est gros et grand), il nous a promptement dépêché un messager pour nous avertir que les rois marchent toujours d'un pas lent et mesuré, et que, nos enjambées étant trop alongées et trop vulgaires, il nous saurait gré de ralentir notre course, et de faire halte un moment pour le laisser arriver jusqu'à nous. Il va sans dire que nous avons accordé très-volontiers la requête. Quelques minutes après il est entré dans notre case, paré d'une tobé de damas vert, très-riche et de grand effet, et d'un bonnet de velours violet et cramoisi. A l'exception de bracelets en verroterie blanche, qui entouraient ses bras, il ne portait aucun ornement : il resta long-temps à causer avec nous.

Plusieurs des femmes de Bidjie ont la chair du front relevée en grosseurs de la forme de billes, et leurs joues sont également découpées et défigurées ; les cartilages de leurs oreilles sont percés de trous, élargis d'une manière surprenante pour pouvoir passer des morceaux de bois et d'ivoire, ce qui est la grande mode parmi les femmes de tous rangs. Ce matin nous avons lu le service du dimanche, suivant notre usage. Les naturels, dont nous n'avions jamais pu nous débarrasser, ont paru remplis de respect et de vénération pour les formes simples de notre culte. Nous leur avions expliqué ce que nous allions faire, et ils ont gardé un attentif silence pendant toute la cérémonie, et se sont même abstenus de ce rire interminable, qui leur est particulier, et qui les distingue de leurs voisins. Dans l'après-midi, ou, comme disent les habitans, « quand le soleil a eu perdu sa force », nous avons quitté la ville, accompagnés du gouverneur, et en peu de minutes nous sommes arrivés sur les bords d'un petit ruisseau appelé *Yow*. Les papillons étaient là plus nombreux qu'on ne peut l'imaginer; ils voltigeaient par milliers autour de nous, et, littéralement, cachaient à nos yeux tout ce qui n'était pas leurs belles aîles, rayonnant de mille couleurs variées.

C'est sur les bords du Yow que nous avons fait nos derniers adieux au bon, à l'affectionné vieux chef, qui implorait « le grand esprit » pour qu'il nous bénit. Au moment où les canots commencèrent à s'ébranler, un éclatant et long rire, et les battemens de mains des assistans annoncèrent la satisfaction que tout ce peuple ressentait de nous avoir vus, et les souhaits pleins de cœur qu'il formait pour notre réussite. Le Yow est un ruisseau fort étroit qui n'a que quelques pieds de largeur, et qui coule en serpentant à travers un pays plat, couvert de joncs et d'herbes hautes et marécageuses. On dit que les crocodiles y sont nombreux. Nous entendions distinctement, et presque à nos oreilles, l'aboiement sourd ou plutôt le grognement de ces animaux rapaces. Après avoir remonté le courant, à l'aide de longues perches, l'espace de cinq à six milles, nous prîmes terre, l'après-midi, au fond d'une crique, qui se prolongeait dans une épaisse et profonde forêt. Nous n'avions pas fait deux ou trois cents pas dans le sentier quand nous rencontrâmes un messager venant de Jenna, qui nous apprit que tous les habitans de la ville, qui possédaient des chevaux, étaient allés au devant du nouveau chef, pour lui faire accueil et l'escorter jusqu'à sa résidence. De sorte qu'il nous fallait, bon gré mal gré, faire à pied le reste de la route. Peu de minutes s'étaient écoulées cependant, lorsque nous aperçûmes un cavalier qui se dirigeait de notre côté. Ce fut un sujet de réjouissance pour nous, qui étions déjà fatigués et épuisés de tout ce que nous avions faits dans la journée, car nous ne pensâmes pas un moment que le cheval pouvait fort bien n'être pas destiné à notre usage. Nous le joignîmes bientôt, et le cavalier déclara de suite qu'il avait quitté Jenna pour nous offrir ses services. La tête du cheval était surchargée d'amulettes et de fétiches enveloppés dans du drap rouge et bleu. La selle, fabriquée dans le Haoussa, était d'une netteté peu commune. Dans l'intérieur de l'Afrique les gens de haut rang seuls se servent de selles. La bride était aussi d'un travail curieux. Le cavalier se montrait fort préoccupé de sa propre importance, et semblait prodigieusement ravi de lui-même. Ils nous apprit que le roi de Jenna l'avait dépêché à notre rencontre, pour nous escorter jusques dans sa capitale, mais que, sachant qu'Adouly nous avait fourni des chevaux, il avait cru tout-à-fait inutile d'en envoyer. Cependant le messager descendit et nous offrit sa monture. Mon frère et moi nous convînmes avec lui de nous en servir à tour de rôle. Nous poursuivîmes donc notre route, traversant une contrée riche, variée, abondante en eaux et en bois. Un beau sable rouge couvrait le sentier, que nous trouvâmes en meilleur état qu'aucun de ceux que nous avions vus jusqu'alors. Tantôt, il serpentait à travers des pâturages unis et veloutés; tantôt il s'égarait dans les profondeurs de grands bois, si épais, si fourrés, que la lumière de la lune, qui se levait, ne pouvait percer leurs ténèbres, et que nous étions souvent dans la plus complète nuit. Il faudrait plus de puissance de talent qu'il ne m'en a été donné, pour décrire avec quelque vérité l'imposante solennité, le repos désolé des majestueuses solitudes que nous traversâmes ce soir là. Quelquefois elles étaient éclairées par des vers luisans, qui projetaient une lumière si vive que l'on aurait presque pu lire à la lueur de leurs auréoles dorées; et quelquefois par les rayons de la lune, tremblant sur les feuilles et les branches des arbres. Un parfum plus suave que celui des prime-roses et des violettes, s'exhalait, fraîche haleine de la forêt. Et, en parcourant ces sites dont la beauté ne peut être surpassée dans aucune partie du monde, on eût pu s'imaginer que l'on approchait de ces ombrages éternels et tranquilles que l'antiquité croyait habités par les ombres des héros. Les bois résonnaient du murmure harmonieux des insectes, et des cris plaintifs des oiseaux de nuit, qui saluèrent, presque sans interruption, notre passage jusqu'à notre arrivée à Laatou (*Làatoo*), grande et agréable ville, dans laquelle nous entrâmes sur les dix heures. Là, nous fûmes informés qu'aucun abri ne nous serait offert, le prêtre-fétiche ayant déclaré qu'à l'instant où un homme blanc mettrait le pied dans une des cases, tous les habitans de Laatou seraient saisis et emmenés en esclavage par leurs ennemis. Nous arrivions épuisés de fatigue, mourans de soif, et il se passa long-temps avant qu'il nous fût possible de nous procurer une seule goutte d'eau. Faute de porteurs nous avions laissé notre tente sur la route, et nous venions de prendre notre parti de coucher sous un arbre, quand on nous l'apporta, environ deux heures après notre arrivée. Nous la dressâmes de suite, et étant parvenus à obtenir du bois des naturels inhospitaliers, nous avons allumé du feu devant la porte; nos gens se sont couchés autour par groupes, et nous sommes entrés pour tâcher de dormir, mais en vain.

Lundi, 5 avril.— Avant le lever du soleil, ce matin, nous étions sur pied, occupés à abattre et rouler la tente. Envoyant ensuite les porteurs en avant avec le bagage, nous avons promptement quitté la ville, sans dire adieu au chef ni à personne, à cause du manque d'hospitalité de ce peuple. Au bout d'une heure de marche nous sommes entrés dans la grande et importante ville de *Larro*.

A notre arrivée on nous a d'abord conduits à une grande place carrée, très-proprement tenue, où l'on conserve le fétiche du lieu : c'est un modèle de canot, dans lequel sont trois figures de bois, tenant des pagaies. Nous avons attendu une heure à l'ombre, entourés d'une immense multitude de gens de tout âge. Un mouvement général de la foule, qui s'est précipitée tout-à-coup vers l'autre extrémité de la place, nous a annoncé l'approche du chef. Nous nous sommes avancés pour lui donner le salut habituel en lui prenant la main, etc. ; mais un homme de sa suite, imaginant que je retenais la main de son maître plus long-temps que l'occasion ne l'exigeait, m'a regardé d'un air farouche, et m'a tiré violemment et brutalement par le bras, sans néanmoins prononcer un mot. J'aurais de bon cœur tiré les oreilles du drôle, mais la crainte de quelque vengeance secrète m'a retenu. J'ai donc étouffé ma colère, et nous avons, mon frère et moi, suivi paisiblement le chef à sa principale hutte. Il nous a fait servir des noix de goura dans un grand plat d'étain, sous le pavillon de la façade ; puis il s'est accroupi sur une jolie natte de joncs, de fabrique indigène, nous engageant à nous asseoir sur unélégant tapis de Turquie qui avait été préparé pour nous. Le chef était accoutré d'une façon bizarre, et portait deux tobés; l'une, qui était la plus près de la peau, en velours noir, l'autre, en velours cramoisi bordé de taffetas; ses bottes, très-bien faites, étaient de cuir jaune; ses poignets étaient chargés de bracelets d'argent et de cuivre. La physionomie du chef nous parut sérieuse et grave, et le rire immodéré de ses compatriotes avait fait place à une gaîté plus calme. Plusieurs de ses femmes étaient assises derrière lui. Quelques-unes avaient le teint d'une brillante couleur de cuivre; nombre des habitans de Larro sont moins noirs que les mulâtres. La cour de la hutte était remplie de curieux qui s'étouffaient pour voir; ils restèrent la bouche béante tout le temps que dura l'audience. Le chef voulait nous donner la plus haute idée de sa dignité et de sa puissance; il nous dit qu'il était plus grand que le gouverneur de Jenna, puisque ce dernier était esclave du roi de Katunga, tandis qu'il était, lui, homme libre. Il consentait à nous laisser partir le lendemain, ajouta-t-il, et, en attendant, se chargeait de nos provisions. Il tint parole; à peine avions-nous quitté la hutte, qu'une chèvre et quelques ignames nous furent apportés; il nous rendit notre visite à la fraîcheur du soir. Il paraît qu'il n'a pas l'habitude de boire des liqueurs spiritueuses en présence de son peuple, ou que la loi lui défend ce plaisir, car, ayant soigneusement exclu les curieux de l'intérieur de la hutte, et fait tendre une natte de manière à boucher la porte, il tourna encore son visage du côté de la muraille, avant d'essayer d'avaler l'eau-de-vie que nous lui avions offerte. Il passa avec nous plus d'une heure. Nous avons oublié de dire que, pendant notre présentation du matin, un prêtre mahométan récitait au chef un chapitre du Coran, que lui et son peuple parurent écouter avec une respectueuse attention. Des écoles publiques sont établies ici, dans le but avoué d'inculquer à la génération naissante les premiers principes de la religion mahométane.

On a dans cette ville la singulière coutume de forcer les enfans à la mamelle à avaler de l'eau froide à même une calebasse. Cette après-midi on a failli en étouffer un, en lui versant plus d'une pinte d'eau dans le gosier. Nous n'avons pu savoir si les mères croient remédier ainsi à quelque maladie imaginaire, ou, ce qui est plus probable, si elles espèrent par ce procédé rendre leurs nourrissons moins avides de lait.

Les habitans ont des chevaux, des ânes, des mulets, mais en petit nombre. Ils élèvent en revanche une grande quantité de moutons et de chèvres ; et les cours, les huttes servent d'étables à ces animaux qui, pour ainsi dire, grandissent et vivent pêle-mêle avec les enfans de leurs propriétaires. Nous nous sommes amusés, la plus grande partie du jour, des gracieuses gambades de quelques chèvres fort jolies, qui ont pénétré dans notre cour. Les moutons, qui ne sont pas à beaucoup près aussi apprivoisés et aussi joueurs, soit timidité, soit mauvais naturel, ont résisté à toutes nos avances. Des poissons et des crevettes, pêchés dans les courans d'eau qui avoisinent la ville, sont journellement exposés en vente, et les habitans paraissent en général jouir d'une plus grande part des nécessités et des commodités de la vie que leurs voisins des côtes.

Nous avons observé aujourd'hui une élévation sensible dans le terrain ; l'agriculture paraît être soumise à un système régulier, preuve évidente des habitudes actives et industrieuses du peuple. Les sombres forêts, les landes désertes que nous avons traversées le premier et le second jour après avoir quitté Badagry, deviennent, en avançant, de plus en plus rares, et des clairières ouvertes, avec des plantations de bananes, des champs d'ignames et de maïs, tous proprement enclos, ont frappé nos regards hièr et ce matin. Les habitans de Larro montrent aussi plus de propreté sur leurs personnes et d'ordre dans leurs vêtemens que les tribus voisines de la mer; les importuns mendians qui nous harcelaient à chaque pas ont complètement disparu.

Mon frère et moi commençons déjà à nous ressentir de la molle influence du climat; mais, avec l'aide du ciel, nous espérons que nos progrès dans le pays ne seront pas arrêtés par la maladie.

Mardi, 6 *avril*. —Le chef de Larro nous a priés ce matin de raccommoder une épée cassée qui lui appartient, mais ayant protesté de notre iguorance dans l'art de l'armurier, il nous a permis de prendre congé.

Le soleil s'élevait à peine au-dessus de l'horizon, et les brouillards du matin étaient encore suspendus aux sommets des collines, quand nous avons quitté la ville de Larro, poursuivant notre voyage à cheval. Trois cavaliers de Jenna nous suivaient le long du sentier, et nous avons été égayés du joyeux cliquetis des clochettes de leurs montures jusqu'à un mille de leur ville natale, où, ayant mis pied à terre devant une sorte de barrière, nous avons, pour salut, tiré nos deux coups de mousquet.

Là, nous avons été joints par un groupe de musiciens qui soufflaient dans de grandes cornes avec l'énergie habituelle des naturels : précédés de ces hommes, nous avons traversé un pont jeté sur le fossé qui entoure Jenna, et ne sommes descendus de cheval qu'au milieu de la ville, où nous avons attendu, sous un hangar, le bon plaisir du chef. Il y avait à peine quelques secondes que nous étions assis, et déjà une immense foule de peuple nous pressait de tous côtés, nous apportant les inconvéniens ordinaires de la multitude, le manque d'air, de fortes et malsaines odeurs, et un vacarme confus qui surpasse toute description; jamais il n'y eut gens plus âpres à nous considérer. Les petits enfans se rangèrent en cercle tout près de l'auvent, ensuite venaient ceux qui étaient un peu plus grands, puis les jeunes gens, les hommes mûrs et les vieillards; et l'anneau le plus reculé était formé de colosses aussi hauts que des clochers, dont la plupart encore élevaient des enfans dans leurs bras; c'était un amphithéâtre de têtes noires et laineuses, où des dents blanches brillaient dans des faces de jais; et, bien qu'un peu ennuyés de cette avide curiosité, pendant le temps considérable qu'il nous fallut attendre avant d'être présentés au nouveau chef, nous ne pouvions nous empêcher d'être fort amusés par le spectacle qui nous entourait. Enfin, à notre grand soulagement, on nous apprit que tout était prêt pour notre réception.

Ici, l'étiquette est de faire attendre; plus on retarde l'introduction d'un étranger, plus on lui fait honneur, plus on affiche d'estime et de respect pour son rang. Nous trouvâmes le chef, ou plutôt le gouverneur, assis sur un tapis de cuir, sous un large pavillon, au fond d'une cour carrée; il avait la parure la plus recherchée, la tobé et le bonnet de velours cramoisi, tous deux bordés de galons d'or; à sa droite siégeaient ses épouses et les femmes de sa suite : on nous fit placer à sa gauche. Les femmes chantaient les louanges de leur maître d'une voix forte et désagréable, accompagnée d'une musique tout aussi peu harmonieuse, de tambours, fifres, clairons et cors. Au moment où nous souhaitions au chef tout le bonheur possible, la masse qui avait reflué dans la cour, et tous ceux qui étaient autour du roi, se prosternèrent en frappant des mains. On nous présenta des noix de goura dans de l'eau ; et une profusion de complimens furent échangés de part et d'autre.

Le nouveau gouverneur semblait embarrassé de ses honneurs et de sa nouvelle dignité; il était gauche, timide, honteux comme une jeune fille, et paraissait tout ému et effrayé de l'aspect de ses hôtes à visages blancs. Bien que cela puisse sembler étrange, la patience du plus patient peuple du monde finit par s'épuiser. Malgré le peu de mots qui avaient été proférés entre le gouverneur et nous, la foule déserta la première le lieu de l'audience. La cérémonie terminée, nous fîmes nos adieux au chef, et, après avoir visité le tombeau du docteur Morrison, qui se trouvait sur notre chemin, nous nous rendîmes à la hutte qui était préparée pour nous.

Le précédent gouverneur de Jenna qui, comme on peut se le rappeler, accueillit si parfaitement la dernière expédition, est mort il y a environ quinze mois, et le roi du Yarriba lui a choisi pour successeur un des plus humbles de ses esclaves. C'est une règle invariable parmi les souverains du pays dont Jenna dépend comme province; la grande distance qu'il y a de cette dernière ville à la capitale leur fait toujours craindre qu'une personne de haut rang, si elle possédait des talens et du courage, ne parvînt aisément à pousser les naturels à secouer le joug et à se rendre indépendans. Le gouverneur actuel est un homme du Haoussa, et n'a probablement été promu à ce poste important qu'à cause de sa simplicité enfantine et niaise; je ne me rappelle pas avoir jamais vu quelqu'un dont la physionomie annonçât plus d'innocence, ou plütôt de stupidité; on assure cependant qu'il a des qualités de cœur, et ses manières sont aimables et douces. Il a mis douze mois à venir de Katunga à Jenna, étant obligé de s'arrêter dans toutes les villes intermédiaires pour recevoir les applaudissemens et congratulations des habitans, et pour prendre part à leurs fêtes et divertissemens; c'est seulement hier qu'il a pu faire son entrée ici.

Les averses se multiplient et sont de plus en plus violentes, de sorte que l'on peut croire la saison des pluies commencée; le thermomètre est descendu subitement aujourd'hui de 94 à 78, et ensuite il est resté stationnaire toute l'après-midi.

Le chef nous a envoyé ce soir une chèvre, des ignames, du lait et du miel.

Mercredi, 7 *avril*.—Nous avons porté ce matin au gouverneur un présent, qu'il a reçu avec force marques de satisfaction et de reconnaissance; mais il a déclaré, d'un air chagrin, qu'il serait obligé d'en envoyer une partie au roi de Katunga, qui lui avait interdit de porter du drap rouge jusqu'à ce qu'il eût exercé ses nouvelles fonctions pendant un certain temps.

Le capitaine Clapperton raconte, dans son journal, qu'une des femmes du vieux Paskoe s'évada à Katunga pendant le sommeil de son mari, lui enlevant les petits bijoux et autres bagatelles qu'il tenait de madame Belzoni, et qu'après cette escapade on n'en entendit plus parler. Cette femme a eu l'impudence de se présenter aujourd'hui dans notre case, avec un enfant, dont elle assure effrontément que Paskoe est le père, et qu'elle est déterminée à lui laisser sur les bras. Elle a décidé une quantité de femmes du Haoussa à l'accompagner, et à tout mettre en œuvre pour contraindre son infidèle, qui est leur compatriote, à recevoir le marmot, et à raccommoder le contrat déchiré. Mais, l'enfant n'ayant que dix à douze mois au plus, et trois ou quatre ans s'étant écoulés depuis l'évasion de la dame, nous sommes convaincus, indépendamment de l'âge et des infirmités de Paskoe, qu'en vertu d'aucune loi, le nourrisson ne peut lui appartenir. En conséquence, nonobstant les clameurs des femmes (ce qui n'est peu de chose en aucune partie du monde), la mère, et l'enfant supposé, et les dames accourues pour soutenir et accréditer le mensonge, ont été mises hors la cour, sans autre cérémonie, au grand soulagement de Paskoe et de sa nouvelle moitié, qui se sentait assez mal à l'aise pendant tout le temps qu'a duré la discussion.

Le prêtre-fétiche de la ville est venu, en dansant, dans notre hutte cette après-midi, l'air égaré, et rugissant comme s'il était possédé du malin esprit. Nous n'avons pris aucun souci des simagrées du saltimbanque qui, peu content de la réception, nous a quittés après avoir reçu l'aumône ordinaire de quelques cauris. Les habits, la figure de l'homme, ainsi que les ornemens bizarres qu'il porte, sont admirablement bien calculés pour imposer à la crédulité et à la superstition des habitans, quoique plusieurs des hommes de la ville, sous l'influence peut-être des doctrines de Mahomet qui se propagent, disent librement leurs pensées, et le traitent de misérable et de démon. Il y a quelque chose dans l'aspect de ce prêtre que nous ne pouvons définir : il porte sur ses épaules une énorme massue ; à l'un des bouts de cette arme est sculptée une tête d'homme, de nombreux rangs de cauris sont suspendus autour, et ces chapelets sont entremêlés de clochettes, de peignes cassés, de petits morceaux de bois grossièrement taillés en forme de figure humaine, de grands coquillages, de petites pièces de fer et de cuivre, de coquilles de noix, etc., etc.; le nombre de cauris qu'il a sur lui se monte peut-être à vingt mille, et il plie jusqu'à terre sous le poids de ces divers ornemens. Nous étions à peine délivrés de ce personnage, que trois ou quatre autres vinrent nous assaillir avec des tambours, des sifflets et des cornes, et leur sérénade du soir commença et finit à leur plus grand délice et complète satisfaction. Le tambour du pays répond à la fois à notre tambour de basque et à la musette; il est d'une forme particulière : on joue d'une main sur la partie supérieure, environnée de petites clochettes de cuivre, tandis que les doigts de l'autre main frappent sur la surface; l'instrument se tient sous le bras gauche, mais, au lieu d'avoir une boîte de bois à l'extérieur, des cordes seules sont tendues d'un bout à l'autre, et en les pressant contre lui, le musicien obtient des sons analogues, mais pourtant inférieurs, à ceux de la musette écossaise ou bretonne. Les tambours, et leurs camarades les joueurs de cors et de fifres, vivent de la charité du public qui a recours à leurs services dans toutes les fêtes et réjouissances.

Jeudi, 8 *avril*. — On a découvert ce matin que les deux messagers qui étaient venus à Badagry pendant notre séjour dans cette ville, se disant envoyés du gouverneur de Jenna, étaient des imposteurs, et par suite on les a mis aux fers; comme les pauvres gens avaient été pour nous d'un grand secours en décidant Adouly beaucoup plus tôt que nous ne l'eussions pu nous-mêmes à nous laisser poursuivre notre voyage, nous avons cru devoir intercéder en leur faveur, et ils sont maintenant en liberté, quoiqu'il fût question de les vendre comme esclaves en punition de leur supercherie. L'homme que nous avons rencontré à cheval après avoir traversé le ruisseau Yow, près de Bidjie, était parti aussi de son propre mouvement, sans l'assentiment du gouverneur, et sans que ce chef eût connaissance de son dessein; mais, comme c'est un fellan et un homme considéré, on ne lui a pas cherché noise. Le seul motif qui a dû pousser ces trois hommes à venir à notre aide est, sans aucun doute, l'espoir d'obtenir quelques bagatelles en récompense; et, malgré l'injonction contraire, intimée par le gouverneur, nous avons rempli leur attente; leurs services venus fort à propos méritaient certes bien quelques aiguilles et une ou deux paires de ciseaux.

Nous avons eu ce matin un échantillon du savoir-faire des naturels en sauts périlleux et en danse du pays, avec accompagnement obligé de musique vocale et instrumentale ; la partie la plus amusante de la fête était la danse, et cependant elle n'a pas répondu à l'idée que nous nous en étions faite. Les acteurs ont été libéralement régalés de bière indigène, et le tout a fini, comme la plupart des divertissemens de ce genre, par des querelles et par l'ivresse. Les guides qui nous ont escortés depuis Badagry, et qui, dans leur ville natale, auraient vendu leur droit d'aînesse pour un verre de rhum, se sont tout-à-coup blanchis et savonnés, jetant leurs haillons aux orties, et se pavanant dans tous les endroits publics, parés d'ornemens d'emprunt ; ils ne mettraient pas le pied hors de leurs habitations sans le sabre d'Adouly, qu'ils ont apporté avec eux, et sans avoir une armée de suivans. Ce matin ils assistaient à la célébration des jeux dans un appareil splendide ; on portait six ombrelles au-dessus de leurs têtes, et, outre plusieurs ornemens saillans, le principal d'entre eux avait un immense chapeau de quaker, de couleur grise et de la plus grossière qualité ; ils sont si fiers qu'à peine daignent-ils parler à un pauvre homme.

Nous avons appris à regret que tous les chevaux du défunt gouverneur de Jenna avaient été, suivant l'usage, enterrés avec le cadavre de leur maître, et nous commençons à craindre d'être obligés de faire à pied toute la route d'ici à Katunga, le prince actuel de Jenna ne possédant pas une seule bête de somme. On a eu grand soin de nous cacher cette triste circonstance jusqu'à ce que nous nous fussions exécutés, en présentant tous nos cadeaux, non-seulement au gouverneur, mais aux principaux de sa cour. Ce sont ces derniers qu'il faut accuser de cette déception. Les choses étant en ce piteux état, nous avons envoyé un messager au chef de Larro pour lui faire part de notre embarras, et le prier de remplir ses promesses, en nous prêtant un cheval ou une mule; et un autre émissaire va supplier Adouly de nous dépêcher immédiatement de Badagry au moins un de nos chevaux, car il nous est impossible de nous en passer. Mais que ce dernier prenne la requête en considération, c'est ce qui reste à savoir. Nous ne comptons guère sur sa bonne volonté, et cependant nous avons peine à croire qu'il pousse si loin la rapacité et la chicane, car il doit craindre à la fin que, s'il se refuse à remplir ses engagemens avec nous, nos compatriotes ne fassent jamais honneur à tous les billets à ordre que nous lui avons donnés pour recevoir de riches présens d'Angleterre.

Ce soir un naturel a été enterré à peu de distance de notre demeure, et les amis du défunt ont passé plus d'une heure à se lamenter. Les gémissemens sourds et plaintifs qu'ils poussaient arrivaient jusque dans notre hutte, et la remplissaient de tristesse. Ces sons douloureux nous ôtent toute force et tout courage.

Nous avons passé la soirée entière à écrire nos lettres et dépêches pour l'Angleterre; elles seront expédiées par Adouly, aussitôt que possible, au cap Coast. Nos guides et porteurs Badagriotes s'en retournent demain chez eux, à notre grand soulagement, car ils ont été pour nous une continuelle fatigue, et nous ont harassés du matin au soir.

Vendredi, 9 *avril*. — Depuis le décès du dernier gouverneur, on calcule que la population de Jenna est diminuée de plus de cinq cents personnes, principalement à cause des guerres, et querelles intestines qui ont éclaté en l'absence d'un chef. Il ne faut cependant pas conclure de ces conflits perpétuels entre les tribus, que le meurtre des hommes soit ici chose commune. Ces peuples font la guerre, comme ils le disent, en partie par amusement, ou pour « s'entretenir la main, » en partie pour s'enrichir par la capture des esclaves. Lorsque nous naviguions le long des côtes, on nous raconta que les naturels du cap La Hou (*La Hoo*), et du bourg de Jack-a-Jack, guerroyaient entre eux depuis trois ans, et étaient encore en hostilité. Mais, durant cette longue période, une pauvre vieille femme, infirme et décrépite, qui n'avait pu courir aussi vite que ses compatriotes, restée seule, en arrière, fut l'unique victime d'une centaine d'engagemens. Les guerres non sanglantes de Jenna sont du même genre. Le succès dépend beaucoup plus de la ruse et de l'adresse que de l'intrépidité et de la valeur. On cherche à faire des esclaves vivans, non des morts, et il est de l'intérêt des deux partis d'éviter de frapper trop fort, afin de s'enrichir par la vente des prisonniers. Peut-être faut-il attribuer l'amoindrissement de la population de Jenna à la désertion des esclaves, qui profitent pour s'enfuir du temps où leurs maîtres sont engagés dans ces expéditions de rapine; de sorte que les spéculateurs de chair humaine sont souvent dupes de leur avidité, et perdent, lorsqu'ils se figuraient gagner. Les prisonniers sont envoyés à la côte, et les chefs des tribus barbares et nomades qui l'habitent, servent d'agens pour régulariser la vente, et ont moitié des profits.

Assez tard dans la soirée, le même jeune Fellan, dont nous parlions dans notre journal d'hier, est venu nous faire visite, et nous proposer d'acheter son cheval. C'est un prêtre mahométan; il s'était fait accompagner par un de ses co-réligionaires, mais ni l'un ni l'autre de ces saints hommes ne paraissaient apporter dans leur trafic la moindre notion de vérité ou de justice; nous convînmes enfin de donner trente dollars. Le marchand nous supplia de ne pas dire à son père, qui était le véritable propriétaire du cheval, le montant de la somme, mais de déclarer un prix inférieur; son vénérable compagnon, appuyant de son mieux la requête, parce que, disait-il, le pauvre garçon avait besoin, pour son usage particulier, d'une petite somme, que certainement son père lui refuserait. Ces mots étaient à peine sortis de leur bouche, que les deux hypocrites firent leurs ablutions en public, devant notre porte, se tournant le visage vers l'Orient, et s'adressant avec dévotion au fondateur de leur croyance. Quand cette momerie fut finie, ils nous régalèrent d'une hymne arabe, chantée avec une pieuse solennité! Le tout produisit un effet immédiat et miraculeux, sur l'esprit de plusieurs personnes qui les avaient suivis dans notre cour, et qui, prenant l'éclat des voix pour de la ferveur, et une feinte gravité pour de la piété, firent une aumône aux deux dévôts apôtres. On croit ici que les Fellans sont des espions de Sackatou; mais, bien que cette opinion prévale, on n'a pris aucune mesure pour surveiller leurs mouvemens, ou s'informer de leurs intentions.

Les femmes de Jenna s'occupent généralement à filer le coton, ou à préparer le blé de Turquie. Il y a beaucoup de cotonniers autour de la ville, mais la culture n'en est pas conduite avec l'intelligence et le soin nécessaires. Les habitans mêlent de la soie, qui leur vient de Tripoli, dans le tissu de leurs étoffes de coton; mais comme celles-ci deviennent alors beaucoup plus chères, elles ne servent qu'aux habillemens de la plus haute classe. Les naturels ont en abondance de jeunes taureaux, des cochons, des chèvres, des moutons, de la volaille, mais ils préfèrent la nourriture végétale. On peut même dire que leur régime est fade et énervant; il consiste presqu'entièrement en apprêts d'ignames et de maïs; ce qui n'empêche pas qu'on ne trouverait nulle part une race d'hommes plus forte et plus athlétique. Comme les naturels de presque toute l'Afrique, ils portent invariablement les fardeaux sur la tête. C'est à cet usage qu'il faut attribuer l'élégance des formes, si vantée, la noblesse de port et de démarche des Africaines. Le poids d'une plume sera porté sur la tête, plutôt qu'à la main. Souvent il faut la force de trois hommes pour élever jusqu'à l'épaule de l'un d'eux une lourde calebasse, et c'est alors que l'étonnante vigueur du Nègre se déploie. Le plus grand nombre des habitans de Jenna ont les cheveux et les poils des sourcils rasés, mais les *ministres* et les domestiques du gouverneur portent leurs cheveux comme marque de distinction, en forme de fer à cheval; ils les mastiquent sur le sommet de la tête à l'aide de larges enduits d'indigo, et personne ne se hasardant à les imiter, cela fait une sorte de livrée ou d'uniforme.

Samedi, 10 *avril*. — Le commencement de la matinée a été obscurci par un brouillard, aussi épais, et au moins aussi malsain que ceux de Londres, en novembre. Mais, entre neuf et dix heures, la brume s'est dispersée, et le soleil a brillé d'un éclat extraordinaire.

La hutte que nous occupons est située dans une vaste cour carrée, qui appartient à la principale femme du dernier gouverneur. Les quatre côtés de la cour étaient naguères fermés par des cases qui toutes ont été habitées autrefois; mais, le feu ayant pris, par accident, à l'une d'elles, le plus grand nombre a été détruit, et quelques huttes seulement restent debout, avec leurs murailles noires, leurs solives à-demi brûlées, qui soutenaient jadis des pavillons réduits en cendres. Le peu de bâtimens encore logeables est habité par les femmes esclaves de la propriétaire, et par nous. La coutume veut, ici, que, le jour de la mort du gouverneur, deux de ses épouses favorites quittent ce monde, afin que dans l'autre il puisse continuer à se réjouir en leur compagnie. Les femmes du dernier chef, peu envieuses de ce bonheur, se sont enfuies avant les cérémonies des funérailles, et depuis, toutes sont restées soigneusement cachées. Cependant, aujourd'hui, une de ces malheureuses (celle justement à laquelle notre maison appartient) a été découverte dans sa retraite. On ne lui a laissé d'autre alternative que de boire une coupe de poison, ou d'avoir la tête fracassée par la massue du prêtre fétiche. Elle a choisi le poison, comme la mort la moins terrible des deux, et est venue dans notre cour passer ses heures dernières en compagnie de ses fidèles esclaves. Celles-ci n'appellent leur maîtresse que du tendre nom de mère. Pauvres créatures! Quand elles apprirent son malheur, les fuseaux tombèrent de leurs mains; elles laissèrent errer à l'abandon les moutons, les chèvres, les poules; elles cessèrent de moudre le blé, et se livrèrent à la plus excessive, à la plus poignante douleur. Aujourd'hui, l'arrivée de leur maîtresse a encore ajouté, s'il est possible, à leur affliction. Il n'y a peut-être pas au monde plus douloureux spectacle que celui d'une pauvre femme, isolée, sans défense, dans les larmes; et cette angoisse-ci est des plus aiguës qui se puisse imaginer. Il faudrait être dépourvu de cœur, pour ne pas se sentir ému. Tout le long du jour des femmes arrivent pour se lamenter avec la pauvre veuve; et nous n'avons vu que pleurs, entendu que cris et sanglots, depuis l'aube jusqu'au coucher du soleil. Les principaux habitans de la ville sont aussi venus rendre leurs derniers devoirs à leur reine, et jusqu'à son fossoyeur qui s'est prosterné devant elle, et ne fait que de la quitter. Malgré les remontrances, les exhortations des prêtres, et les prières de la vénérable victime elle-même, qui demande à ses dieux la force de se soumettre à l'effroyable épreuve, sa résolution l'abandonne toujours. Deux fois elle est entrée dans notre cour pour expirer dans les bras de ses femmes, et deux fois elle a mis de côté le fatal poison. Elle voulait marcher encore, jouir encore une fois de la splendeur du soleil et de la gloire des cieux ; car elle ne peut supporter l'idée de renoncer pour jamais à ces biens. Elle est agitée, sans repos, et trouverait des forces et une activité prodigieuses pour fuir cette mort qui lui apparaît si terrible : fantôme bien autrement effroyable que celui que nos peintres nous représentent armé d'un dard et couvert d'un linceul. Il faut qu'elle meure; elle le sait, et cependant, jusqu'au dernier moment, elle se cramponne à la vie. Pendant ce temps on creuse sa fosse, et l'on dispose tout pour la veillée des funérailles. Elle doit être enterrée ici, dans une de ses propres cases, à l'instant même où l'âme quittera le corps; ce dont on doit s'assurer en frappant de temps en temps la terre sur laquelle elle sera étendue; si nul mouvement, nulle convulsion, ne surviennent, la veuve sera regardée comme morte. Le poison employé dans ces occasions, par les naturels, tue, à ce qu'on assure, en quinze minutes.

La mauvaise réception qu'on nous fit à Laatou, où nous passâmes si mal la nuit, a été causée par le manque de chef, le dernier ayant suivi dans la tombe le vieux gouverneur de Jenna, dont il était l'esclave. Les veuves sont empoisonnées ou assommées ici, au lieu d'être brûlées comme dans l'Inde; je crois cependant que, dans ce dernier pays, on n'immole jamais d'homme. L'abominable coutume de faire périr les femmes d'un grand quand il meurt vient originairement, dit-on, de la frayeur qu'avaient les anciens chefs que leurs principales femmes, seules en possession de leur confiance, et sachant où ils cachaient leurs trésors, n'attentassent secrètement à leur vie pour s'assurer à la fois leurs richesses et la liberté. Aujourd'hui, loin d'avoir des motifs de se débarrasser de son mari, une femme africaine a au contraire les raisons les plus fortes et les plus personnelles de le soigner et de le faire vivre le plus long-temps possible, son existence étant attachée à la sienne. Cet usage s'est perpétué de père en fils jusqu'à présent; mais pourquoi des hommes, qui n'ont rien à gagner à la mort de leur prince, sont-ils obligés de se conformer au même rit? c'est ce dont on peut difficilement se rendre compte. Il faut de toute nécessité que le gouverneur actuel de Jenna meure au premier avis que le roi du Yarriba a cessé d'exister, et comme ce monarque est fort âgé, la situation du gouverneur n'est pas des plus désirables.

Avant d'avaler le poison, l'épouse favorite d'un chef ou gouverneur détruit secrètement toutes les richesses, ou plutôt tout l'argent de son mari mort, afin qu'il n'en puisse rien tomber entre les mains de son successeur. J'ai remarqué le même usage à Badagry : le fils du roi, fût-il d'âge à succéder à son père au moment de sa mort, hérite de son autorité, de son influence seulement, et doit recourir à sa propre sagacité, à ses efforts, pour se procurer des biens, qu'il n'acquiert presque toujours qu'à l'aide de la rapine, de la traite des nègres, et de l'effusion du sang.

Quand une ville est privée de son chef, les habitans ne connaissent plus de loi. L'anarchie, le trouble, la confusion, s'emparent de tout, et jusqu'à ce qu'un successeur soit désigné, tout travail est interrompu ; le plus fort opprime le plus faible ; les crimes les plus affreux se commettent sans être dénoncés ou punis ; la propriété privée n'est plus respectée ; aussi, avant que le chef qui doit réprimer cette licence soit nommé, il arrive assez souvent qu'une ville tombe d'un état florissant de prospérité et de bonheur dans toutes les horreurs de la désolation.

Dimanche, 11 *avril*. – Ce jour étant celui de Pâques, nous l'avons exclusivement consacré aux exercices religieux. Le messager que nous avons envoyé à Badagry chercher notre cheval n'est pas encore revenu, quoiqu'il eût promis d'être de retour au bout de quatre jours, en comptant celui du départ ; il a dépassé le temps donné d'une journée entière : et, comme cet homme est de Badagry, nous avons abandonné toute espérance de revoir, lui, le cheval ou l'épée de message que nous lui avions prêtée comme marque qu'il était envoyé par nous. Nous avons reçu l'assurance positive qu'il nous serait permis de partir d'ici à mardi prochain ; mais, comme nous n'avons qu'un cheval, il nous faudra le monter tour à tour, ou nous munir d'un hamac, ce qui serait chose difficile et coûteuse.

La vieille reine douairière, comme le voleur de Prior,

> « Prend congé mille fois et chaque fois demeure. »

Quoique la sentence soit irrévocable, elle a paru plus gaie aujourd'hui qu'hier, et semble décidée à tirer son mince fil de vie jusqu'à sa plus grande étendue ; elle est maintenant entourée d'espions, et il ne lui est pas permis de sortir de la cour.

Lundi, 12 *avril*. — Rien aujourd'hui qui mérite d'être rapporté ; notre cour a été, comme à l'ordinaire, le rendez-vous d'une longue file de femmes qui viennent tous les matins, l'air abattu, les yeux en pleurs, lamenter la fin prochaine de la vieille veuve; elles crient, se frappent le sein, s'arrachent les cheveux, et donnent tous les signes du plus violent désespoir; que leur affliction soit feinte ou vraie, il est impossible de se livrer à des transports plus bruyans et plus frénétiques; la femme qui marche en tête de la bande commence les gémissemens, et aussitôt toutes les autres voix se joignent à la sienne, et les cris, d'abord lents et plaintifs, deviennent à la fois perçans et sauvages.

Les gens les plus considérables de la ville, voyant l'obstination de la vieille dame à différer son départ pour l'autre monde, ont envoyé un messager à son pays natal pour déclarer à ses proches, que si elle parvenait à s'échapper, on les ferait esclaves, et on brûlerait leur village, conformément aux anciennes lois, qu'en conséquence, dans leur intérêt et dans l'intérêt public, ils eussent à engager leur parente à subir son sort honorablement et de bonne grâce. Demain on attend une députation, et, après beaucoup de condoléances, de cris et de discours persuasifs, la chose sera probablement décidée contre la pauvre vieille. On assure qu'elle a employé de grosses sommes d'argent pour gagner quelques-unes des personnes les plus influentes de Jenna, et pour obtenir qu'elles fermassent les yeux sur ce manque de soumission à son devoir; on dit même que, grâce à leur intervention, le roi de Katunga lui a donné une permission tacite de vivre jusqu'au terme naturel de son existence. Mais le peuple, frappé d'horreur d'une telle impiété, d'un tel mépris des anciennes coutumes, s'est levé à plusieurs milles à la ronde pour réclamer contre elle l'exécution des lois du pays.

CHAPITRE III.

Ouragan. — Musique. — Départ de Jenna. — Indolence des naturels. — Vautours. — Continuation du voyage dans l'intérieur. — Esclaves marchands. — Simulacres portés par les mères en mémoire de leurs enfans morts. — Egga — Culture. — Les femmes du roi de Katunga. — Maladie des voyageurs. — Asinara. — Mortalité attribuée à l'influence d'un magicien. — Belle vallée. — Moutagnes. — Mœurs pastorales des Fellans. — Les fétiches. — L'arbre-à-beurre. — Un nègre albinos. — Arrivée à Bohou, première capitale du Yarriba. — Les voleurs, ou « guerriers du sentier ». — Récit d'un meurtre. — Léoguadda. — Marché d'Itcho. — Approches de Katunga. — L'escorte.

Mardi, 13 *avril*. — Nous eûmes la nuit dernière le spectacle d'un de ces terribles orages si fréquens sous cette latitude; notre hutte, couverte en chaume, offrait un abri peu rassurant contre sa furie : une partie du toit fut enlevée, et la pluie tomba sans obstacle sur nos lits, tandis que de violens éclairs apparaissaient pour rendre, comme dit Milton, les ténèbres visibles; il semblait que le génie des tempêtes fit rouler son char de feu à travers les nuages sombres, réveillant la création assoupie. C'est chose à faire comprendre tout le néant de l'homme que les horreurs d'une telle tourmente contemplées à travers les murs ébranlés, le toit croulant d'une hutte africaine. Dans les pays civilisés, les grandes calamités réunissent les hommes et les égalisent, chacun cherche à soutenir son courage par le courage et les forces de tous; mais ici tout est nu, solitaire et désolé.

Nous passâmes la nuit fort mal à notre aise, comme on peut le croire. Le toit de notre demeure servait d'habitation à un grand nombre de rats et de souris qui cherchèrent un refuge entre nos draps, et, ce qui est bien pis encore, nous fûmes assaillis par une multitude de lézards, de mosquites, de mille-pieds, et quantité d'autres animaux rampans et venimeux, dont la tempête semblait redoubler l'activité et la vie; après une longue nuit le jour parut enfin, et les terreurs de l'orage furent oubliées.

Peu après le lever du soleil, deux nouvelles légions de femmes arrivèrent pour pleurer avec leur vieille reine; leurs hurlemens et leur lamentations surpassaient tout ce que nous avions entendu jusque là : nous ne pouvions nous empêcher de frémir; les cris poussés dans les régions infernales ne sauraient être plus douloureux ni plus perçans; leurs yeux étaient rouges de pleurs, leurs mains serrées sur le haut de la tête. leurs cheveux dans le plus effroyable désordre, et l'on voyait deux ruisseaux de larmes couler sur leurs seins nus. Elles passèrent ainsi devant le seuil de notre hutte en deux lignes pressées : nous les vîmes s'agenouiller devant la vénérable matrone sans proférer un seul mot, puis elles se levèrent et partirent, et nous entendîmes leurs cris long-temps après les avoir perdues de vue.

Tout étant arrangé pour notre départ, nous allâmes, après déjeûner, présenter nos respects au bon gouverneur; il va sans dire qu'il nous fallut subir l'ennui d'une heure d'attente avant d'être admis; mais dès que les portes s'ouvrirent, la musique, qui était de service dans l'intérieur, nous régala d'un air du pays en manière de bien-venue. Nous observâmes que le nombre des tambours était encore plus grand qu'à l'ordinaire; quelques-uns de ces instrumens, en forme de cônes, étaient ornés avec profusion de plaques et de figures de cuivre; sur l'un on avait représenté les bustes de deux hommes, une tortue semblait manger dans la bouche de l'un d'eux; à côté de la tortue était un coq et deux chiens; ces figures étaient habilement sculptées dans le cuivre massif. Les musiciens frappaient sur les deux côtés des gros tambours avec la paume de la main, des centaines de petites clochettes étaient attachées autour, plus pour l'ornement que pour l'usage, car, n'ayant point de battans, elles ne pouvaient produire de son. Le tambour le plus commun se bat d'un seul côté avec un bâton en forme d'archet. Après un court entretien, le chef et les principaux personnages nous prirent affectueusement la main, nous souhaitant toute sorte de bonheur, et dès que nous fûmes hors de la cour nous montâmes à cheval et sortîmes de la ville. Le chef de Larro n'avait pas tenu sa promesse, ce qui nous affecta peu, ayant trouvé le matin un autre cheval à acheter.

Notre route traversait une contrée, partie découverte, partie boisée, et une agréable promenade de trois quarts-d'heure nous conduisit au petit village de Bidjie (1). Là, nos guides déposèrent leurs charges, et aucune sollicitation ne put les décider à les reprendre; les gens du village se refusèrent à les remplacer comme ils étaient tenus de le faire, et nous rirent au nez

(1) Bachy, dans la carte de Clapperton.

lorsque nous les en priâmes, de sorte qu'il nous fallut rester jusqu'au lendemain. Telle est l'ennuyeuse manière de voyager dans ce pays; aucune considération ne peut décider les naturels à secouer leur indolence accoutumée; je doute qu'un ordre du ciel les en tirât; plaisir et paresse sont pour eux synonymes, et ils ne comprennent pas d'autre jouissance que celle de ne rien faire. Le chef, qui paraît fort bon homme, mais qui exerce peu d'autorité sur ses sujets, nous a envoyé une excellente chèvre grasse, et nous sentant dispos, pleins d'espérance, nous avons pris le parti d'oublier ces petites vexations, et de passer la soirée aussi gaîment que possible.

Les faucons et les vautours sont en grand nombre ici, de même qu'à Jenna; les premiers sont de hardis et dégoûtans oiseaux, et la rapacité des seconds est telle, qu'ils plongent sans crainte au milieu des naturels pendant leur repas. Ce soir, l'un d'eux s'est jeté sur un morceau de viande que l'un de nos hommes tenait entre ses doigts, et le lui a arraché comme il le portait à sa bouche.

Mercredi, 14 *avril*. — Ce matin de bonne heure nous avons eu une agréable surprise en voyant arriver l'homme de Badagry, avec un de nos chevaux et une selle anglaise : l'une nous était aussi nécessaire que l'autre. Hier j'avais été forcé de me contenter d'une couverture pour selle, et l'échine de ma monture étant des plus tranchantes, je m'en étais fort mal trouvé. Voyager à pied eût été beaucoup moins pénible. Paskoe, dont l'expérience et la sagacité nous ont été si souvent utiles, s'est blessé en voulant marcher aussi vite que le reste de la troupe; et comme il a le malheur d'avoir une jambe plus courte que l'autre, son allure est devenue l'objet des railleries de ses compagnons plus robustes. Aujourd'hui, nous l'avons fait monter sur notre cheval *extra*, et de là il s'est bien vengé de leurs mauvaises plaisanteries : ceux qui riaient à ses dépens, lui envient maintenant sa nouvelle dignité.

Nous avons quitté Bidjie par la fraîcheur du matin, et sommes arrivés vers 11 heures à *Chow*. Les naturels se sont imaginés, je ne sais à quel propos, que les hommes blancs sont très-friands de volailles; aussi dès notre arrivée dans une ville ou village, toutes les poules sont saisies, et mises en lieu de sûreté, jusqu'à notre départ.

Plusieurs étrangers nous accompagnent de ville en ville, afin d'éviter le péage des barrières, en se disant de notre suite. Des femmes se sont aussi placées sous la protection de nos hommes du Cap Coast pour jouir du même avantage. Elles nous rendent mille petits services; allument le feu, préparent la nourriture, etc., etc.

Notre voyage a été très-agréable aujourd'hui; tantôt le sentier serpentait à travers des plaines couvertes d'un frais gazon, tantôt il traversait de grands bois d'arbres superbes, où des singes d'espèces variées, suspendus aux branches, nous amusaient de leurs gambades et de leurs tours. Le perroquet gris et une foule d'autres beaux oiseaux

« Gazouillaient leur sauvage et native chanson. »

Le chef de Chow qui avait si bien reçu la dernière expédition, est mort depuis quelque temps; il est remplacé par un homme simple et d'un bon caractère, qui nous a traités plus en demi-dieux qu'en mortels : au moment de notre arrivée, il surveillait ses esclaves dans ses champs de blé et d'ignames. Il s'empressa de venir à notre rencontre. Il possède un grand nombre de chevaux; un, entre autres, d'une petitesse et d'une beauté toutes particulières.

Le soir nous eûmes de nouveau la visite du chef qui nous fit apporter des provisions et quelques noix de goura. Mon frère ayant joué du cor en sa présence, il éprouva une violente agitation, imaginant que l'instrument même n'était autre chose qu'un serpent. Pour la première fois depuis notre débarquement, nous vîmes un métier de tisserand en pleine activité : la fabrication des étoffes de coton est confiée ici exclusivement aux femmes

Jeudi, 15 *avril*. — La route que nous avons suivie aujourd'hui nous a fait parcourir une délicieuse contrée ; des bois, des collines, des plaines fleuries et de charmans vallons, arrosés par des ruisseaux courant sur des lits de sable fin et blanc. Un cavalier de Katunga passa près de nous, vers les dix heures ; il était grotesquement accoutré, et ne s'arrêta ni ne parla, mais inclina sa lance en nous dépassant au galop. Nous rencontrâmes beaucoup d'hommes et de femmes qui retournaient d'Egga à Chow, et plusieurs jeunes garçons nus, conduits par un gardien à la côte : ce sont des esclaves que l'on va vendre à Badagry. Les femmes portaient sur la tête des fardeaux qui eussent fatigué une mule ; et des enfans de cinq à six ans trottaient derrière elles, chacun avec une charge qui aurait tué de fatigue un Européen dans la force de l'âge.

Nous avions quitté Chow avant le lever du soleil ; une abondante rosée était tombée pendant la nuit, et distillait ses larges gouttes des branches et des feuilles. Dans la matinée nous eûmes à traverser trois ou quatre endroits marécageux, couverts de joncs, de roseaux, de mauvaises herbes, et servant de retraite à des myriades de grenouilles d'une prodigieuse grosseur.

Chaque fois que nous traversions un ruisseau nous étions salués de sifflemens aigus, qui semblaient venir d'une multitude de serpens; nous ne pûmes expliquer ce bruit extraordinaire, qu'en le supposant produit par quelque espèce d'insectes dont nous envahissions les demeures. Avec peu de travail, le sentier, qui n'est guère qu'un ravin formé par des pluies répétées, deviendrait une route commode; et en jetant un arbre de loin en loin sur les ruisseaux et les marais, on les traverserait aisément et sûrement; mais les naturels semblent n'avoir aucune idée d'amélioration. Ils préfèrent s'embarrasser journellement dans d'épaisses broussailles, s'enfoncer dans des mares d'eau et de fange, à l'ennui de réparer le chemin. Il arrive souvent que des arbres tombent et encombrent le sentier; mais au lieu de les enlever, les gens font un long circuit à l'entour. Il n'y a pas jusqu'à une fourmilière qui ne soit pour eux un obstacle formidable, et ils la laissent occuper le milieu de l'étroit passage, tant est grande l'insouciance et la paresse des peuples de ces contrées. Plusieurs femmes, portant sur la tête de petites figures d'enfans en bois, ont passé près de nous dans le cours de la matinée. Les mères qui ont perdu un enfant, portent ces grossières imitations en signe de deuil pendant un temps indéfini. Aucune d'elles ne put se résoudre à se défaire en notre faveur d'un de ces souvenirs d'affection maternelle.

Nous arrivâmes de bonne heure à *Egga*, qui est une très-grande ville; on nous conduisit à la maison qu'avait habitée le capitaine Clapperton; dans la cour sont déposés les restes d'un anglais, nommé Dawson, qui mourut ici de la fièvre qu'il avait prise en traversant le pays; la hutte et la cour sont encombrées d'habitans, et dans un état de malpropreté impossible à décrire. Les moutons, les chèvres, les volailles, et tout ce qui s'ensuit, embarrassent chacun de nos pas; il faut, malgré nous, vivre en leur compagnie; cet inconvénient, joint au babil d'une centaine de visiteurs, rend notre situation presque intolérable.

Egga est le principal marché de cette partie de l'Afrique; les acheteurs et les vendeurs s'y rendent de plusieurs milles à la ronde : le commerce s'y fait principalement et presque exclusivement par les femmes, qui sont, en général, belles, gracieuses, et n'ignorent aucun des petits artifices en usage parmi les trafiquans des pays plus civilisés.

Vendredi, 16 *avril.* — La journée d'hier a été comparativement froide, grâce à d'épais nuages qui obscurcissaient le ciel; mais, ce matin, à notre départ, le soleil s'est montré, comme pour faire amende honorable, large, brûlant et plus éclatant encore qu'à l'ordinaire; aussi la chaleur a-t-elle été excessive. Nous avons trouvé le sentier en beaucoup meilleur état que celui que nous laissions derrière nous, bordé de plantations d'ignames, de garvances ou pois chiches, de citrouilles et de trois ou quatre espèces de grains, que des laboureurs étaient occupés à sarcler, etc. La houe est ici le seul instrument de labourage; le terrain, détrempé par des pluies de plusieurs mois, est si mou et si léger, que le moindre travail le rend productif. L'importation de la charrue, loin d'être un bien, ne servirait, selon moi, qu'à encourager le défaut dominant des naturels, la paresse. La population est nombreuse, et on trouve à louer autant de laboureurs qu'on en peut désirer.

Vers midi, nous traversâmes une petite rivière, coulant de l'Est à l'Ouest, dans laquelle des femmes se baignaient, tandis que d'autres étaient occupées à laver du linge. Bientôt après nous entrâmes dans la vaste et populeuse cité de Jadou (*Jadoo*). Là, on nous apprit que le chef était mort depuis un an, et, personne n'ayant été nommé à sa place, tout était dans un état de confusion et d'anarchie. Au bout de quelques instans nous fûmes conduits dans une grande cour, appartenant à l'ancien gouverneur; son frère vint nous visiter, accompagné des principaux de la ville; mais leur conversation n'eut rien d'affectueux, et leur accueil fut d'une froideur qui nous surprit d'autant plus désagréablement que nous ne nous y attendions pas.

L'enceinte où nous campons est parfaitement circulaire, et entourée de huttes, toutes habitées par les veuves du chef défunt; elles emploient leur temps et gagnent leur vie à filer et à tisser du coton. Elles ont actuellement pour hôtes une centaine de femmes du roi de Katunga, arrivées depuis peu, et qui apportent à Jadou, du *trona*, ou carbonate de soude, et des toiles du pays, qu'elles échangent contre du sel, et divers objets de fabrique européenne, particulièrement de la verroterie. Elles retournent ensuite à Katunga, et y exposent ces marchandises en vente; les profits sont remis entre les mains du mari. Ces royales dames, qui ont passé la première jeunesse, ne se distinguent de leurs compatriotes que par l'étoffe d'une espèce particulière qui enveloppe leurs ballots, et que personne ne peut imiter, sous peine d'esclavage perpétuel. Ce châtiment sévère est souvent infligé, car, les femmes du roi étant exemptées de tout impôt, péage de barrières, etc., et nourries aux dépens des chefs dont elles traversent les villes, il y a trop d'avantages et de tentations à se servir du tissu prohibé. Comme pour faire contraste avec les pauvres affligées de Jenna, les femmes du roi de Katunga se sont toutes mises à pleurer de *joie*, ce soir, en retrouvant d'anciennes connaissances, qui se sont montées de suite au même diapason. C'était un spectacle risible. Après ce premier accès de sensibilité passé, elles ont commencé à parler avec une volubilité qui surpassait de beaucoup celle des plus grandes bavardes européennes. La conversation a continué une heure sur ce ton, puis a dégénéré en une violente querelle, qui n'est pas encore terminée.

Il est maintenant dix heures du soir, et les femmes sont rassemblées en groupes autour de grands feux; nous occupons une espèce de hangar, formé par le prolongement de la toiture d'une des huttes; nos chevaux sont attachés à des piquets, au milieu de la cour, et nos gens, couchés auprès, dorment devant le feu qui s'éteint. Des moutons, d'une admirable beauté, le col orné de clochettes sonnantes, ruminent paisiblement. Mais, bien que ce soit l'heure du repos, l'intarissable bavardage de nos compagnes de voyage, et les cris discordans de leurs innombrables marmots, ne nous laissent jouir d'aucune des émotions qu'éveillent ce site sauvage et ces effets pittoresques et bizarres.

Les moutons sont traités ici à peu près comme le sont en Angleterre les chiens favoris de nos grandes dames. On en prend le plus grand soin; ils sont lavés tous les matins avec de l'eau et du savon; ils s'attachent tellement à leurs maîtres ou maîtresses qu'ils les suivent partout, dans l'habitation, au-dehors et même de ville en ville. Les chèvres, les moutons, les porcs et les volailles sont abondans, et cependant fort chers, parce que les naturels mettent leur orgueil à posséder un grand nombre de ces animaux, et à les avoir aussi beaux que possible.

Les habitans de Jadou sont en général proprement vêtus, d'étoffes de coton qu'ils fabriquent eux-mêmes. Leur personne est plus soignée et d'un aspect plus agréable que celle des habitans des côtes.

Les marchandises européennes sont apportées de Dahomey, de Badagry, mais plus spécialement de Lagos; elles sont tous les jours exposées en vente dans les marchés de Jadou et d'Egga. Sur la route, plusieurs chefs nous ont demandé pourquoi les Portugais achetaient beaucoup moins d'esclaves qu'autrefois. Ils se plaignent amèrement de l'état de stagnation où est cette branche de commerce. Les hippopotames abondent dans les rivières qui avoisinent la ville. Quand ces animaux sont jeunes, leur chair, et même leur peau, se vendent comme nourriture; quand ils sont vieux, on se sert de la peau pour fabriquer des fouets et divers ustensiles.

Samedi, 17 *avril*. — Nous avons quitté Jadou ce matin, et vers le milieu du jour, nous sommes arrivés à un petit village, joli et propre, appelé Pouya (*Pooya*). La contrée qui sépare ces deux endroits est fort belle, et ressemble à un magnifique verger. Nous avons rencontré sur la route des centaines de gens, de tout sexe et de tout âge, chassant devant eux des troupeaux de chèvres, de moutons, quantité de jeunes bœufs, et portant sur la tête de jolies cages d'osier, pleines de poules et de pigeons. D'autres étaient chargés d'énormes ballots de toile du pays, et d'indigo façonné en grosses boules. Tous sont des esclaves, qui vont, de l'intérieur à la côte, vendre les marchandises ou les animaux confiés à leurs soins. Une pauvre vieille avait eu le malheur de laisser tomber de dessus sa tête une grande calebasse d'huile de palmier. En arrivant près d'elle, nous la trouvâmes entourée d'un groupe de femmes, ses compagnes d'esclavage, qui se tordaient les mains, en pleurant. Son affliction était encore plus grande, car elle redoutait le châtiment qui l'attendait à son retour chez son maître. J'eus pitié de sa détresse, et lui fis présent d'un grand couteau à fermoir, qui compensait, et au-delà, la perte de l'huile. Sur ce, les femmes s'essuyèrent les yeux et se prosternèrent dans la poussière devant nous, avec des physionomies aussi joyeuses et aussi animées qu'elles étaient tristes un peu auparavant.

Il faut que la mortalité soit immense parmi les enfans, car presque toutes les femmes que nous rencontrions portaient une ou plusieurs des petites figures de bois dont nous avons déjà parlé. Chaque fois que ces mères s'arrêtaient pour se rafraîchir, elles ne manquaient jamais de présenter aux lèvres de ces petites images une partie de leur nourriture.

Nous ne restâmes à Pouya que le temps nécessaire pour saluer le chef, quoique les naturels comptent une journée de marche de Jadou à ce village.

Nous poursuivîmes notre route à travers de petites collines et des vallons arrosés par de nombreux ruisseaux, et dans l'après-midi nous atteignîmes *Engua*. Le sol est sec et stérile : de grandes masses de pierres ferrugineuses, qui semblent avoir subi l'action du feu, se présentaient presque à chaque pas. La chaleur était suffocante, et après plusieurs heures passées à l'ardeur du soleil, notre peau était brûlante et gercée : nous arrivâmes à Engua fort mal à notre aise. Quant à moi, fatigué, souffrant de vives douleurs aux pieds, et me sentant une disposition fébrile, je n'aspirais qu'au moment de m'étendre dans une hutte; mais il nous fallut rester près de trois heures sous un arbre, le chef étant occupé à faire un fétiche pour conjurer les mauvaises intentions que nous pouvions avoir contre lui. Tous nos hommes gisaient épuisés sur la route, se plaignant amèrement de la chaleur; l'un d'eux fut pris d'une violente fièvre dans la soirée. C'est à Engua que le malheureux capitaine Pearce rendit le dernier soupir, et ce fut là aussi que le capitaine Clapperton se sentit découragé, et désespéra presque de pouvoir pénétrer plus avant. Le chef nous envoya un peu d'eau et de blé de Turquie, mais refusa obstinément de nous vendre une chèvre, ou un mouton, quoique ces animaux fussent par milliers dans la ville.

Dimanche, 18 *avril*. — Notre réception à Engua avait été si peu hospitalière que nous en partîmes encore plus tôt que de coutume; nous nous mîmes en route à la clarté des étoiles. Le terrain n'est plus ferrugineux comme celui d'hier, mais semé d'énormes blocs de granit; à notre droite s'élèvent des montagnes et de hautes collines, dont les flancs sont couverts de bois épais, et dont les sommets se perdent dans les nuages. A neuf heures nous passâmes par un joli petit village, nommé *Chakka*, dont le chef venait de mourir. Une heure après nous avions gagné le bord de la petite rivière *Akeeny*, toute remplie de roches de granit aiguës et raboteuses, et qui se jette, nous dit-on, dans le Lagos; nous la traversâmes portés sur le dos de nos hommes, mais nos chevaux eurent beaucoup de peine à s'en tirer. Nous eûmes ensuite à gravir une colline haute et fort escarpée; enfin, vers midi, nous entrâmes dans la ville d'Afoura (*Afoora*). Le gouverneur nous accueillit cordialement, nous dit qu'il se trouvait heureux de nous recevoir, et sa physionomie, affectueuse et gaie, était d'accord avec ses paroles. Il nous donna pour logement la hutte la plus commode de la ville, la mieux aérée et la mieux bâtie que nous eussions encore rencontrée. Peu de momens après notre installation on nous apporta quantité d'excellentes provisions de la part du chef. C'était le premier jour de son règne; par des motifs de délicatesse et d'affection, il n'avait voulu succéder à son père, mort depuis peu, qu'au bout d'un certain temps, et cette époque de deuil expirait le matin même. En l'honneur de son avénement, une troupe de femmes ont passé toute la soirée à danser et à se réjouir devant notre hutte.

Une chose remarquable, c'est que presque tous les chefs des villes que nous avons traversées depuis Badagry, et qui étaient vivans et bien portans il y a trois ans, lors de mon retour à la côte, sont morts aujourd'hui, tués à la guerre, ou emportés par quelque maladie : à peine en reste-t-il un vivant.

Lundi, 19 *avril*. — Après une cavalcade de trois heures, nous voilà rendus à *Asinara*, la première ville ceinte de murailles que nous ayons encore rencontrée ; il est vrai que les murs sont en terre, et si bas qu'un homme peut facilement sauter par dessus : il y a en outre un fossé à sec de dix-huit pouces de profondeur, et large de trois à quatre pieds ; une planche, jetée par-dessus, sert de pont-levis : c'est le seul moyen qu'aient les habitans d'entrer ou de sortir de la place.

Asinara vient aussi de perdre son chef dans une bataille ; un vieillard a offert ses services en attendant qu'on nommât un nouveau roi, et il mène les affaires de l'état par *interim*. Il nous a reçus de la manière la plus affectueuse et la plus bienveillante. Le climat a produit son effet débilitant sur la santé de mon pauvre frère ; de robuste et vigoureux qu'il était, il est devenu si faible qu'à peine peut-il se tenir debout : nous ne jouissons plus de rien. Il a été pris de la fièvre cette après-midi, et son état eût été désespéré si je n'eusse été là pour le soigner : il se plaignait d'une soif excessive ; je lui ai fait prendre dix grains de calomélas, et ensuite une forte dose de sel. Nous avons eu toute la nuit de la pluie, des éclairs et du tonnerre.

Mardi, 20 *avril*. — Mon frère va mieux, et n'a pas de fièvre ce matin, mais il se sent trop faible pour voyager : nous resterons ici jusqu'à demain. Le gouverneur provisoire est venu nous faire visite, le visage triste et alongé, nous priant en grâce de l'aider à découvrir un certain magicien qu'il suppose caché dans quelque endroit de la ville ; par suite de la maligne influence de ce sorcier, beaucoup de personnes dépérissent et meurent, principalement les femmes et les enfans. Les gens succombent tout-à-coup sans qu'aucun symptôme les avertisse du danger, et il y a eu tant de morts depuis quelque temps, que le vieillard, alarmé, nous a demandé un préservatif pour lui et les siens.

Vendredi, 23 *avril.* — Mon frère, ranimé par un jour de repos, s'est trouvé assez fort pour se remettre en route, et nous sommes partis de bonne heure par une fraîche et belle matinée, et dans une excellente disposition d'esprit. Rien de neuf ni de remarquable n'ayant fixé notre attention, nous sommes entrés dans la ville d'Accodou (*Accodoo*) avant midi. Mon frère semblait alors tout-à-fait bien ; il avait un redoublement d'activité, de gaîté, qui me donnait les plus grandes espérances. Cependant au bout de quelques minutes, une chaleur brûlante se répandit sur tout son corps, et il eut un nouvel accès de fièvre plus violent que le dernier. J'eus recours aux plus puissans remèdes ; je le saignai; je lui appliquai un vésicatoire sur l'estomac, qui semblait être le siége de la maladie, et qui était gonflé. Le malade était oppressé, et se plaignait de sentir un poids énorme sur la poitrine; sa bouche était sèche, sa langue embarrassée; il ne pouvait étancher la soif qui le dévorait, et but une telle quantité d'eau, que son corps enfla prodigieusement. Vers le soir, ses idées devinrent confuses, et il commença à délirer.

Il m'a décrit depuis les horribles fantômes qui le hantaient pendant cette crise, et la sensation délicieuse qui parcourut tout son corps lorsque ces affreuses visions disparurent. Des larmes coulèrent de ses yeux; une abondante transpiration le soulagea, et de ce moment il alla mieux.

Tandis que mon frère était si mal, les naturels faisaient un bruit affreux, chantant et frappant sur des tambours pour célébrer leur fétiche. Je sortis, et les engageai à nous laisser un peu de repos; mais ils rirent de mes prières et n'en devinrent que plus bruyans, car ils n'ont point compassion des maux d'un homme blanc, et croient, en le harcelant, faire une action méritoire.

Hier la journée fut des plus chaudes; à midi

le thermomètre de Fahrenheit marquait 99 degrés.

Samedi, 24 *avril*. — Avant le lever du soleil, un hamac avait été préparé pour mon frère, trop faible encore pour monter à cheval. Nous quittâmes Accodou en meilleur état que nous n'aurions pu l'espérer. Les porteurs du hamac ne laissaient pas de trouver le fardeau assez incommode; cependant nous marchions d'un bon pas, et de huit à neuf heures nous fîmes halte dans un village agréable et bien approvisionné, appelé *Etudy*. Le chef nous envoya une volaille et quatre cents cauris; mais nous ne restâmes que le temps nécessaire pour nous rafraîchir, sans mettre pied à terre. Nous continuâmes notre route à travers de vastes plantations d'indigo, de coton, de blé de Turquie et d'ignames; et passant dans des champs pierreux, nous entrâmes dans la ville de *Chouchou*, de dix à onze heures. Nous fûmes immédiatement présentés au chef, et ensuite conduits dans une hutte en ruine des plus dégoûtantes; un toit à cochons n'aurait pas été pis. Le dernier occupant de cette case ayant, parce qu'il était riche, encouru la haine du chef, s'était enfui pour ne pas payer une forte amende, et était allé rejoindre un parti ennemi; ce qui expliquait le dénuement et la misère dont nous étions environnés.

Depuis notre départ de Jenna, nous avons rencontré un nombre infini de personnes privées de l'usage d'un œil; elles ne donnent point d'autre raison de ce malheur que l'excessive chaleur et l'éclat des rayons du soleil.

Dimanche, 25 *avril*. — Une pluie lourde est tombée pendant toute la nuit; mais notre hutte, malgré tous ses inconvéniens, avait un assez bon toit de chaume, et nous avons été passablement abrités. Il y a des momens dans la vie où le cœur est rempli d'un indicible bonheur, d'un sentiment de joie et de bienveillance dont il est impossible de se rendre compte. En paix avec soi-même et avec les autres, tout se présente sous un aspect riant. Ce fut dans cette heureuse disposition d'esprit que je m'éveillai, et me mis en route au lever de l'aurore. C'était une de ces matinées à brises balsamiques; la pluie de la veille avait fait sortir de chaque fleur, de chaque buisson, une variété de parfums doux et pénétrans. Le paysage autour de nous était magnifique; le chemin serpentait dans une riche vallée, fermée de tous côtés par des montagnes de granit, de formes les plus irrégulières et les plus bizarres; leurs sommets étaient couverts d'arbres rabougris ; et le long des pentes, dans les creux, on voyait de petits groupes de huttes, refuge des habitans de la plaine, qui fuyaient devant les hommes de guerre qui infestent le plat pays. Le vallon est peuplé de quantité d'oiseaux ; les uns aux chants suaves et mélodieux, d'autres aux cris sauvages et discordans, presque tous couverts d'un plumage riche, brillant et varié. La modeste perdrix, à côté de la grue des îles Baléares, à crête royale ; le délicat oiseau-mouche, sautillant de branche en branche, avec d'autres oiseaux d'espèces inconnues, mais semblables à des pierreries de diverses couleurs. Quelques-uns étaient d'un vert sombre et chatoyant ; d'autres avaient des ailes rouges et soyeuses, et le corps d'un beau violet ; d'autres étaient rayés de cramoisi et d'or ; tous gais, et gazouillant parmi l'épais feuillage. La contemplation de ces êtres si beaux, si joueurs, si heureux, l'aspect sublime de forêts ondoyantes, de plaines sans bornes, de montagnes gigantesques, portent à l'âme cette émotion profonde qui, de cette nature créée, élève jusqu'au créateur.

Ce sont choses que j'aime passionnément, et j'ai regretté mille fois que mon ignorance me privât du pouvoir de les faire comprendre, ou même de décrire la plus petite des fleurs qui ornent la plaine, le moindre des insectes qui étincellent dans l'air.

Cette pensée m'a souvent fait peine, quoique l'insuffisance de mon éducation soit venue de circonstances qu'il n'était pas en mon pouvoir de changer.

Après avoir traversé cette longue et délicieuse vallée, nous atteignîmes un grand village appelé Fudibu (*Fudiboo*), où nous fîmes une courte halte. Deux autres heures de marche sur un terrain uni, entre de hautes collines, nous conduisirent à la ville de *Guendekki*, où nous nous proposons de passer la nuit.

Certes, ou le chef est pauvre, ou il est inhospitalier, car il ne nous a envoyé, pour tout régal, qu'un peu d'ignames bouillies et un plat de graisse qui n'était pas mangeable; encore ne l'a-t-il donné que dans l'espoir d'obtenir en retour dix fois sa valeur.

Nous avons, comme de coutume, célébré le service divin, et c'est un devoir doublement sacré dans notre situation. Ici, plus que partout ailleurs, nous sommes sous la main de celui qui est l'auteur et le dispensateur de nos destinées, et en qui seul nous pouvons trouver appui loin de la patrie, des parens, et de tout ce qui nous est cher.

Lundi, 26 *avril*. — Un brouillard épais obscurcissait l'horizon ce matin, et dérobait à notre vue les montagnes, les vallées, tout, excepté le sentier et les arbres qui le bordaient, et que nous n'apercevions même qu'au moment de nous heurter contre. Au bout de deux heures, l'atmosphère s'éclaircit, et avant de monter une colline de granit fort escarpée, nous fîmes halte pour rafraîchir nos chevaux sous les larges rameaux d'un grand arbre, près d'une ville appelée *Ecó*. A peine les habitans furent-ils informés de notre arrivée, qu'ils accoururent en foule; ils se rangèrent en ligne pour nous faire honneur, nous suppliant d'attendre la venue du chef, qui ne pouvait tarder. Mais, ne voyant rien paraître, et l'heure avançant, nous remontâmes à cheval et gravîmes avec peine jusqu'au sommet de la colline. On ne peut se faire une idée du coup-d'œil magnifique qui s'offrit à nous; le soleil avait entièrement dissipé le brouillard; nous découvrions un horizon immense, bordé de montagnes de toutes formes. Quelques-unes ont une grande ressemblance avec la montagne de la Table, au cap de Bonne-Espérance; une autre rappelle celle du même lieu, qu'on nomme

« la Tête et la Croupe du Lion ». Nous nous dirigions vers le Nord-Est, et ces montagnes étaient à l'Ouest par rapport à nous. Elles ne formaient point une ligne continue, mais étaient isolées, et séparées par de profonds vallons. Quelquefois il y en avait plusieurs entassées les unes derrière les autres, et les plus lointaines nous apparaissaient confusément et comme de sombres nuages. Rien ne peut surpasser la singularité, je dirais même la sublime beauté de ce spectacle. Nous le contemplâmes quelque temps, muets de surprise et d'admiration.

Après avoir descendu la colline, nous continuâmes notre route à travers une belle plaine arrosée de nombreux ruisseaux, et dans l'après-midi nous atteignîmes *Dufo*, ville grande et populeuse, dont les habitans nous parurent industrieux et riches, à en juger du moins par le nombre et la variété de leurs animaux domestiques. Ils possèdent en abondance des moutons, des chèvres, des porcs, des pigeons, et quantité de volailles, parmi lesquelles nous vîmes, pour la première fois, des coqs-d'Inde et des pintades. Ils ont aussi des chevaux et des boeufs. Le chef se fit long-temps attendre, mais dès qu'il parut, il nous engagea à le suivre vers une maison propre et bien tenue qu'il nous destinait. Il nous envoya bon nombre d'ignames, une corbeille de bananes mûres, et une calebasse remplie d'œufs qui ne valaient rien, comme nous nous en aperçûmes bientôt, malgré la précaution qu'on avait prise de mêler du sable parmi pour les faire paraître plus lourds.

Mardi, 27 *avril*. — Mon frère est maintenant, grâces à dieu, parfaitement rétabli, et ses forces reviennent de jour en jour. Quatre marchands du Borgou vinrent nous visiter tard dans la soirée. Ils nous dirent qu'ils avaient traversé le Niger à *Inguazhilligie*, il n'y avait pas plus d'une quinzaine, et que les pluies, qui déjà commençaient à tomber, avaient peu grossi les eaux du fleuve.

Ce matin de bonne heure nous étions à cheval, et à six heures nous sortions de Dufo, précédés des hommes qui portaient nos bagages. Le pays, moins beau, d'un aspect moins imposant que celui que nous avions traversé la veille, n'était cependant pas sans intérêt. A notre gauche s'élevait une autre montagne de la Table, et plus loin nous en découvrîmes une seconde, pareille à celle de la Tête et la Croupe du lion. D'énormes masses de granit, suspendues au-dessus du sentier, et presque noires, semblaient exposées depuis des milliers d'années aux pluies et à l'intempérie des saisons ; plusieurs étaient percées de sombres et profondes cavernes qui, si elles eussent été situées dans le comté de Cornouailles au lieu d'être en Afrique, auraient figuré dans les chroniques du pays comme le théâtre de sombres et sanglantes aventures. Des centaines de naturels nous suivaient, et nous fatiguaient tellement par leur bruit et leur curiosité, que nous fûmes contraints d'employer la violence pour nous en débarrasser; mais il est rare que nous en venions là, et ce n'est jamais sans une extrême répugnance. Cette fois nous leur fîmes peur, et ils ne revinrent plus.

A huit milles environ de Dufo nous trouvâmes un village d'une grande étendue, à cause de la dispersion des maisons; on le nomme *Elekba.* Nous y fîmes halte, car le sentier avait été tellement pierreux et difficile, que nous avions besoin d'un repos de quelques minutes. De là jusqu'à Chaadou (*Chaadoo*), ville entourée de murs, dans laquelle nous entrâmes vers midi, le chemin était excellent, aussi uni que les allées d'un parc. Hors de l'enceinte des murailles se trouve un petit village habité par des fellans; les huttes sont de forme circulaire, et les habitans n'ont d'autre occupation que d'élever des bestiaux. Leurs mœurs sont simples ; leur extérieur est propre et gracieux.

Bientôt après notre arrivée, trois ou quatre jeunes bergères fellanes vinrent nous saluer ; leur visite nous fut agréable, car elles étaient intelligentes, et leurs manières annonçaient de la gaîté et l'innocence. Elles restèrent peu de temps avec nous, le soin de leurs troupeaux les appelant ailleurs. Les contours de leur visage ovale sont pleins de charme ; leurs cheveux, tressés avec goût, sont relevés avec une sorte de coquetterie. Enfin, les bergères imaginaires de *Fenton* (1) ne sont pas plus naïves et plus attrayantes dans leur simplicité rustique.

Sur la route de Dufo, mon frère, sans songer aux inconvéniens qui pourraient en résulter, fit feu sur une grue, qui alla tomber dans un champ voisin. Le bruit du coup de fusil attira hors du taillis un grand nombre de naturels qui, toujours en crainte des hommes de guerre de la plaine, crurent que c'était un signal donné par un de ces maraudeurs. Leur aspect était menaçant ; ils étaient tous armés d'arcs et de flèches ; et mon frère aurait reçu quelques-uns de leurs

(1) Poëte anglais qui a publié des Idylles, et aidé Pope dans sa traduction de l'*Odyssée*.

traits, sans l'intervention d'un de nos messagers de Jenna, qui leur expliqua de suite la chose d'une manière satisfaisante. L'homme qui marchait en tête de la bande courut alors chercher l'oiseau, que mon frère lui reprit, non sans le récompenser libéralement de sa peine : cependant il ne se montra point satisfait, et réclama la grue, qui lui appartenait, disait-il, puisqu'elle était tombée dans son champ. Mon frère ne céda point à sa requête, et continua de marcher. Mais l'homme insista pour avoir au moins la tête et les pattes de l'oiseau, afin d'en faire un fétiche. Un nouveau refus le jeta dans une telle fureur, qu'il partit en écumant de rage. Le soir, tandis qu'on préparait la grue pour notre souper, la même demande nous fut faite par un eunuque de Katunga, et comme c'est un garçon de bon naturel, nous la lui avons accordée de grand cœur. Mais le chef de Châadou ayant envoyé un messager tout exprès pour réclamer lesdites précieuses dépouilles, la tête et les pattes de la grue lui furent définitivement adjugées, au grand désapointement de l'eunuque, qui avait peine à retenir ses larmes. Ces dépouilles sont très-estimées comme charme puissant.

Le chef nous a envoyé une chèvre, quantité de

bananes, un plat d'ignames pilées, ou plutôt bouillies dans la graisse, et une grande corbeille de *caffas*, sorte de pouding, fait de blé de Turquie écrasé, qu'on fait bouillir jusqu'à consistance de pâte ferme, et qu'on façonne ensuite en forme de petites boules. Composé de farine grossière et d'eau, ce mets, d'abord assez fade, s'aigrit au bout de quelques jours, et c'est alors qu'on le mange. Il y a dans la ville plusieurs puits très-profonds, mais presque tous sont taris, et l'eau est si rare qu'on la vend au marché.

Il nous arrive journellement d'être salués sur la route d'acclamations bienveillantes, et de souhaits tels que ceux-ci : — « J'espère que vous trouvez le sentier commode. » — « Bon succès aux travaux du roi ! » — « Dieu vous bénisse, hommes blancs ! » — « Béni soit votre retour, etc., etc. »

Mercredi, 28 avril. — Nous avons séjourné à Chaadou ; le chemin de Dufo à Elekba étant si difficile et si rabotteux, qu'il nous a fallu attendre les porteurs de nos bagages restés en arrière. L'eunuque de Katunga, dont nous avons déjà parlé, est envoyé par le roi son maître pour percevoir le tribut que doivent payer tous les gouverneurs des villes situées entre Katunga et

Jenna. Cet homme est traité avec un grand respect par le chef de Chaadou et par les habitans, qui ne lui adressent la parole qu'après s'être prosternés devant lui.

Comme nous manquions d'argent, nous avons envoyé des aiguilles au marché pour les vendre. Une des coutumes du pays est, qu'après avoir offert d'un objet une certaine somme, l'acheteur se rétracte, et affirme n'avoir promis qu'environ moitié du prix convenu. Cette mauvaise foi occasionnait de violentes altercations entre nos gens et les naturels; mais c'est un usage reçu et il n'y a pas moyen d'en appeler. On a enterré cette après-midi dans un village voisin, la mère du gouverneur, et toutes les femmes de ce dernier ont accompagné le convoi; elles étaient vêtues de leurs plus beaux habits, et ne donnaient aucun signe de tristesse; tout le cortège semblait plutôt aller à une noce qu'à des funérailles. Il y a environ quatre heures qu'elles sont passées, accompagnées d'un tambour, devant notre case pour retourner à celle du gouverneur qui n'en est qu'à quelques pas; depuis, elles n'ont cessé de chanter et de danser au son du tambourin.

Les habitans ont bon nombre de moutons, de chèvres, de porcs et de volailles, mais les bœufs sont exclusivement la propriété des fellans. Nous n'avons pas vu un seul de ces animaux chez les naturels. Ici, comme en beaucoup d'autres lieux, le marché ne se tient qu'après la grande chaleur du jour : il est rare que les acheteurs s'y rendent avant huit heures du soir.

Jeudi, 29 *avril*. — De grand matin la pluie commença, et tomba avec violence et sans interruption jusque vers onze heures; puis elle cessa subitement, et nous quittâmes Chaadou. Mais auparavant, le crédule gouverneur, qui croit, ainsi que ses sujets, que les blancs exercent une grande influence sur les élémens, est venu nous remercier de cette abondante pluie, dont le pays avait si grand besoin, et nous a fait présent d'une calebasse pleine de miel. La bienveillance de ce bon vieillard a été extrême. Il ne se lassait point de nous rendre service, regrettant toujours de n'en pouvoir faire plus, et nous pressant instamment de passer encore un jour avec lui.

Nous traversâmes une contrée montagneuse, entrecoupée de ruisseaux d'une eau excellente, et à midi, nous fîmes une courte halte dans un village, petit, mais pittoresque, ombragé d'arbres hauts et touffus. Continuant notre route nous arrivâmes vers le soir à *Row*, où nous passerons la nuit. Cette ville, assez considérable, est entourée de murailles, si l'on peut appeler ainsi des constructions qui ne s'élèvent pas à plus de douze ou quatorze pouces au-dessus du terrain ; les fossés ont à-peu-près les mêmes dimensions. L'enclos, où l'on nous conduisit peu de temps après notre arrivée, est au milieu de trois ou quatre autres enceintes, et les passages qui y mènent sont tellement compliqués qu'il serait bien difficile à un étranger d'en sortir sans guide : cela ne nous préserva point de l'importune visite de cinq à six cents curieux qui envahirent la cour comme de coutume, pour satisfaire leur curiosité. Après avoir subi pendant un certain temps leurs clameurs et leur familiarité, nous prîmes le parti de tendre des draps devant la porte de notre case, et de nous coucher. Alors seulement ils commencèrent à se disperser et nous laissèrent en repos.

Le gouverneur de cette ville est morose et malveillant ; il nous a envoyé quelques bananes et une calebasse d'œufs gâtés, de sorte que nos gens ont été obligés de se passer de souper. Il a allégué son extrême pauvreté pour s'excuser de nous faire faire si mauvaise chère ; et cependant, sa vanité a exigé de nos messagers de

Jenna, les plus avilissans témoignages de déférence. Ils ont marché à reculons devant lui pendant une centaine de pas, se jetant de la poussière sur la tête, et les cheveux encore souillés de boue; on les a contraints à se prosterner devant le chef la face contre terre. Malheureusement, notre appartement communique avec le sien, et l'intarissable bavardage de ses nombreuses femmes nous a tenus éveillés, mon frère et moi, long-temps après le coucher du soleil. Au milieu de notre cour, croît un grand arbre qui est *fétiche* ou sacré; quelques piquets fichés autour sont fétiches aussi, et il nous a été expressément enjoint de ne pas y attacher nos chevaux. La stupide crédulité des naturels transforme en fétiches des calebasses, des vases de terre, et jusqu'à des plumes, des coquilles d'œufs, des os d'animaux. De même que le fer à cheval cloué aux portes des paysans anglais les plus superstitieux, ces objets inanimés sont autant de préservatifs contre les revenans et les mauvais esprits. Les toucher est un sacrilége, et s'en moquer serait fort dangereux.

Vendredi, 30 avril. — Ce ne fut qu'entre sept et huit heures, ce matin, qu'il nous fut possible d'avoir des porteurs et de nous remettre en marche. Le ciel était brillant et pur, et le soleil d'une chaleur excessive. Comme hier, nous rencontrâmes deux ou trois ruisseaux d'une eau fraîche qui nous sembla délicieuse; et, après avoir traversé un village dont le chef nous envoya une calebasse de blé concassé mêlé d'eau, nous arrivâmes, à midi, au pied d'une colline escarpée, au sommet de laquelle était perchée une ville que nous reconnûmes pour celle qu'on nous avait indiquée sous le nom de *Chéki*. Nous mîmes pied à terre, et une fatigante montée de trois quarts-d'heure nous conduisit en haut. Des pierres et des blocs de granit obstruaient le sentier, et nous avions peine à pousser les chevaux devant nous: ils s'abattirent plusieurs fois, mais heureusement sans se blesser. Nous n'étions point attendus, et le gouverneur n'ayant fait aucun préparatif pour nous recevoir, nous demeurâmes fort long-temps assis au pied d'un arbre. Enfin, un homme vint nous chercher pour nous conduire à la demeure du chef, qui n'était pas fort éloignée; mais une foule d'habitans se précipitèrent aussitôt pour nous devancer dans la cour, où la presse était si grande qu'il ne nous arrivait pas un souffle d'air. Les manières du gouverneur étaient brusques, mais point grossières, quoiqu'il ne nous témoignât pas grande bonne volonté. Il commença par nous régaler d'un peu d'eau fraîche, et fit porter plus tard à notre logement une grande calebasse de *fourah*, sucré avec du miel. Ce mets, fait avec une espèce de grain nommé *gourah*, forme la nourriture habituelle des gens du pays, et rappelle la bouillie de gruau qu'on nomme *burgou*, en Écosse. Le chef nous envoya aussi quantité de bananes, avec la promesse de quelque chose de plus substantiel.

Ici, comme dans toutes les villes que nous avons déjà traversées, nous avons remarqué que jusqu'à l'âge de sept ans les enfans vont entièrement nus; quelquefois ils portent autour des reins un cordon de cauris enfilés, et aux poignets des bracelets grossiers de cuivre ou d'étain. Les grandes personnes sont vêtues, sinon avec goût, du moins avec propreté; les hommes portent un bonnet, une tobé, de larges pantalons, communément de couleur bleue; et les femmes une espèce de manteau flottant, en toile de coton, qui passe sur l'épaule gauche et revient tomber un peu au-dessous du genou; le bras droit et les pieds sont nus.

Ce peuple est plus sérieux, plus grave dans ses manières que ceux qui avoisinent les côtes; nous n'avons point entendu ici ce rire stupide qui témoigne bruyamment du vide de l'esprit,

Samedi, 1er *mai*. — Profitant de la fraîcheur du matin, nous avons quitté Chéki, et après quatre heures d'une route agréable, nous sommes arrivés à Kousou (*Coosoo*), grande et importante ville. Un hameau de fellans est situé tout auprès comme à Chaadou; il est de même peuplé de pasteurs qui jouissent d'une grande estime parmi les Yarribani; ceux-ci traitent avec eux, en toute confiance, sans soupçons ni réserve. Cependant un homme déroba un sabre à l'un de nos gens, peu de minutes après notre arrivée. Poursuivi jusqu'auprès du chef, il déposa l'arme à ses pieds, soutenant néanmoins qu'il l'avait trouvé. Le gouverneur nous a rendu le sabre, mais sans faire la moindre allusion à la manière dont il l'avait eu.

Une *gafflie*, ou compagnie de marchands, se rendant de *Hano* à *Gonja*, qui est le *Selga* du Cap Coast et d'Accra, est à Kousou en ce moment; ses marchandises consistent principalement en dents d'éléphant, en trona, sel gemme, et toiles du pays. Elle n'a point suivi la route ordinaire qui n'est pas sûre, à cause des combats que se livrent journellement les naturels. Cette *gafflie*, ou caravane, se compose de quatre cents hommes; mais une troupe de marchands, une fois aussi nombreuse, a traversé cette ville, il y a dix jours. D'autres trafiquans sont encore ici, et partent demain pour Yaourie, lieu de leur destination.

Le palmier devient de plus en plus rare à mesure que nous avançons dans l'intérieur, et l'on ne peut se procurer de l'huile qu'en très-petite quantité; mais la nature, toujours bienveillante, y supplée par le *mi-cadania*, ou arbre-à-beurre, qui donne en abondance une espèce de moëlle végétale, d'un goût agréable, et fort estimée des naturels; ils s'en servent pour s'éclairer, ainsi que pour d'autres usages domestiques. L'arbre-à-beurre a quelque ressemblance avec le chêne, et la noix qu'il produit est enveloppée d'une pulpe ou chair savoureuse, l'amande a la grosseur d'une châtaigne; on la fait sécher au soleil, puis on la pile et on la met bouillir dans l'eau; les parties grasses se dégagent et flottent à la surface, où elles se congèlent en refroidissant; on les recueille, et on les met en pains, dont on se sert ensuite sans autre préparation. Deux individus, accusés de vol, ont comparu aujourd'hui devant le chef; le moyen employé pour reconnaître l'innocence ou la culpabilité des prévenus a été de leur faire avaler de l'eau fétiche.

Le soir nous reçûmes une chèvre grasse, un panier de *caffas*, une calebasse de bananes, une grande quantité d'ignames, et un bol de lait, de la part du gouverneur. C'est un vieillard sobre, doux, fort aimé de son peuple, et qui s'est montré attentif et obligeant pour nous. Il nous a prévenus que le chemin de Katunga est loin d'être sûr, à cause d'un sérieux différend survenu entre les habitans de Kousou et ceux d'une ville voisine : «En conséquence,» a-t-il dit, «je vous engage à rester avec moi demain, afin que je puisse prendre les arrangemens nécessaires pour vous envoyer par une autre route.» Cette nouvelle est loin de nous être agréable, mais nous en comprenons toute l'importance, et nous avons accepté l'offre du gouverneur.

Le marché qui se tient dans la ville, ce soir, a un aspect tout-à-fait neuf et resplendissant, à cause de l'immense quantité de lampes dont chaque marchand s'éclaire.

Nos visiteurs ont été aussi nombreux que jamais, et le babil des femmes plus criard et plus insupportable encore que de coutume; rien n'y faisait, ni menaces, ni prières; enfin nous avons été obligés de recourir au puéril expédient de leur lancer de l'eau au visage avec une grosse seringue; quand elles ont vu et senti les effets de ce terrible instrument, la frayeur les a prises, et elles se sont enfuies à toutes jambes.

Dimanche, 2 *mai*. — Hier soir le temps était pur et serein; mais dans la nuit nous avons eu un *tornado*; de longs et brillans éclairs sillonnaient les nuages, le bruit du tonnerre était répété par les échos des montagnes, et la pluie tombait par torrens. Le matin tout était calme, et il soufflait une brise fraîche et agréable.

Un prêtre fétiche, d'une ville voisine, est venu nous rendre visite; nous avons esquivé la harangue d'usage en lui donnant quelques aiguilles. Rien d'extraordinaire ne nous frappa dans son costume ou ses ornemens, mais sa personne même avait quelque chose d'étrange et de singulier; sa peau était couleur de papier brun clair, ses cils et ses sourcils étaient d'un blanc d'argent, et ses yeux d'un bleu faïence, cependant le type nègre était fortement empreint sur ses traits et dans toute sa physiononomie. Les parens de cet homme sont nés dans le pays, et sont tous deux parfaitement noirs; nous n'avons pu assigner aucune cause à cette bizarre déviation des lois de la nature.

Le bon vieux chef nous a prodigué ses services, et, à son exemple, les principaux de la ville ont fait de leur mieux pour nous mettre à l'aise. On rencontre ici des gens du *Borgou*, de *Nouffie* ou *Nyffé*, du *Haoussa*, et de plusieurs autres contrées de l'intérieur; on dit même que la reine de Nyffé réside dans la ville, mais la chose nous semble fort peu probable.

Lundi, 3 *mai*. — Au lever du soleil, ce matin, nous nous sommes mis en route, et, d'après l'indication du chef, nous avons pris le sentier à l'Est de Kousou. Comme il passe pour être infesté de voleurs, nous avions jugé prudent de charger nos fusils et nos pistolets, et d'armer tous nos hommes de mousquets et de sabres. Deux guides, pourvus d'arcs et de flèches, nous ont été donnés par le gouverneur, parce que ceux que nous avions amenés de Jenna ne connaissaient point ce chemin : de plus, un cavalier, armé de toutes pièces, formait notre arrière garde; ainsi équipés, nous marchâmes deux heures avant d'atteindre *Acboro*, sans faire d'autre rencontre que celle de quelques femmes inoffensives qu'épouvantait notre aspect guerrier.

Bien me prit qu'il y eût si peu de distance de Kousou à Acboro, car, me sentant malade, il m'eût été impossible d'aller plus loin. Cette dernière ville est petite, mais ses murailles ruinées renferment une immense étendue de terrain, et feraient supposer qu'elle a été autrefois beaucoup plus vaste. Trois collines de granit s'élèvent dans l'intérieur, deux d'un côté, et la troisième en face ; leur base est de pierre solide, mais le sommet est formé de blocs détachés entre lesquels poussent quelques arbres, et que recouvrent une végétation chétive et des arbustes rabougris. Outre ces rochers, d'énormes masses de granit, entassées les unes sur les autres, se rencontrent à chaque pas, et donnent à la ville un aspect sauvage et pittoresque ; les habitations sont loin d'être en harmonie avec la beauté du site. La hutte que nous occupons n'est ni commode ni agréable ; mais, comme nous sommes convaincus qu'il n'y a pas mieux, nous nous en contentons.

Peu après notre arrivée, le gouverneur nous envoya un cochon de lait, et quelques autres présens ; il paraît enchanté que les circonstances nous aient amenés vers lui : « Les hommes blancs ne font que le bien, » nous dit-il, « et je prierai Dieu qu'il vous bénisse, et qu'il envoie plus de vos compatriotes dans le Yarriba. » Au lieu de nous laisser assiéger par la multitude que la curiosité attire toujours sur nos pas, il a empêché qu'on pénétrât dans la cour ; il est venu nous demander fort civilement, pour quelques-uns de ses amis, la permission de nous voir. J'étais trop faible et trop souffrant pour me lever de ma couche ; mais mon frère a fait exhibition de sa personne, et s'est soumis de la meilleure grâce à l'examen le plus minutieux ; ils se sont retirés fort satisfaits.

La nuit dernière, à Kousou, on nous a volé un grand couteau à découper, et un ceinturon à cartouches, pendant que nous dormions ; mais comme il n'est pas probable qu'un habitant ait été assez audacieux pour braver nos fusils, et marcher sur nos corps, ainsi qu'il a fallu le faire, nous ne pouvons soupçonner qu'un de nos gens.

Mardi, 4 *mai*. — Hier, trois hommes d'Acboro ont été faits prisonniers par une troupe de vagabonds et de maraudeurs, qu'on nomme ici « les guerriers du sentier », mais qui ne sont, au fait, que des voleurs de grands chemins ; ils vivent de pillage, et attendent leurs compatriotes sur les routes pour les dépouiller.

Le dernier gouverneur d'Acboro a été déposé et chassé de la ville par ses propres sujets, à cause de son indifférence pour leurs intérêts, et de la cruauté avec laquelle il traitait eux et leurs enfans ; à différentes reprises il avait fait saisir plusieurs personnes des deux sexes, et les avait vendues comme esclaves, sans assigner aucune raison de cet acte de violence. Les parens et les amis des victimes soulevèrent une grande partie du peuple contre lui : se sentant trop faible pour résister, il s'enfuit dans un village éloigné, qu'il habite encore aujourd'hui. Un gouverneur plus humain a été de suite élu à sa place.

Levé de bonne heure, comme de coutume, ce matin, et me sentant assez bien remis pour pouvoir monter à cheval, nous fîmes nos adieux au chef d'Acboro, et sortîmes de la ville au lever du soleil, après avoir pris nos précautions habituelles contre les voleurs. Au bout d'une heure trois quarts nous arrivâmes à un délicieux village appelé *Lazipa*. A peu de distance étaient groupées quelques cases de fellans : de magnifiques bestiaux paissaient alentour; nous nous arrêtâmes pour les admirer; il y avait des taureaux et des génisses, blanches comme la neige, d'autres, tachetées comme des léopards, d'autres avec des marques rouges et noires sur un fond blanc. Une jeune fille nous présenta une jatte de lait frais qui nous rafraîchit et nous fit grand plaisir, et après l'avoir remerciée, nous quittâmes à regret les fellans et leurs troupeaux.

Nous n'étions pas encore bien loin de Lazipa lorsque nous rencontrâmes un large marais, sur les bords duquel croît et fleurit en abondance une grande et belle espèce de lis d'eau. Nous le traversâmes sans peine, ainsi que deux petits ruisseaux qui coupaient le chemin. A neuf heures nous atteignîmes Coutou (*Cootoo*), qui est, comme Lazipa, un village ouvert de tous côtés, mais le premier est de beaucoup le plus grand des deux.

Une personne qui a voyagé dans le comté de Cornouailles, depuis Penzance jusqu'à la pointe de *Land's End*, et qui a observé la nature du sol, et les blocs de granit dispersés ça et là, pourra se faire une juste idée de cette partie du pays, seulement ici il y a beaucoup plus de bois.

Après Coutou, l'aspect du terrain change et les sites sont plus rians : le sol est riche, et la terre végétale profonde. On rencontre plus fréquemment des pièces de gazon, des terres cultivées, soigneusement encloses de haies : de beaux arbres, aux larges branches, à l'épais feuillage, s'étendent à l'Est jusqu'à l'horizon. On les croirait plantés par la main de l'homme, tant ils croissent à distances égales, et tant ils sont bien alignés et vigoureux. L'intervalle qui les sépare les uns des autres est couvert d'un gazon fin et doux. C'est à travers ce délicieux paysage que nous voyagions ; la matinée était rafraîchie par un léger vent du Sud-Est. Nous jouissions d'une santé parfaite et du charme des objets environnans. Nous rencontrâmes plusieurs troupeaux conduits par de petits garçons, et bientôt après nous arrivâmes à un village de fellans, propre et joli, dont les habitans s'occupaient, comme de coutume, du soin de leurs bestiaux et de leurs fermes. Après avoir traversé un petit ruisseau, nous sommes entrés dans une ville d'une prodigieuse étendue, et entourée d'un triple rang de murailles et de fossés. On la nomme Bohou (*Bohoo*). Sans nous assujettir aux formalités accoutumées, on nous conduisit sur-le-champ à la maison du gouverneur. Nous échangeâmes avec lui les complimens d'usage, et gagnâmes notre hutte, où bientôt après on nous apporta un veau, des ignames, des bananes, et une large calebasse pleine de lait frais, qui ne contenait pas moins de six gallons (vingt-quatre pintes environ). Nos gens s'assirent autour de ces richesses, disposés à y faire honneur.

Dans l'après-midi, un message nous apprit que le premier ministre du gouverneur désirait nous voir, et qu'il nous saurait gré de venir le visiter dans le courant du jour. Mon frère y alla seul, car, après quelque temps de relâche, mes souffrances m'avaient repris plus vives, et il me fut impossible de sortir de la case.

A son retour, il me conta qu'après une jolie promenade de deux milles environ, il était arrivé à la maison du ministre, qui l'avait affectueusement reçu. Ils échangèrent les complimens ordinaires, et les nombreuses épouses et les enfans du maître de la maison, qui dans ces cas-là sont toujours présentés à un étranger, eurent tout le loisir de satisfaire leur curiosité en examinant minutieusement sa personne. L'entrevue terminée, il revint, ayant promis au ministre de retourner le voir demain.

Bohou est au Nord-Est d'Acboro, et bâti sur le penchant d'une colline fertile, au pied de laquelle coule un ruisseau d'eau blanche comme du lait. C'est derrière ce ruisseau, sur une éminence, qu'est bâti le hameau fellan, dont j'ai déjà parlé. La triple rangée de murailles qui entoure la ville n'a guère moins de vingt milles de circuit. Elle renferme, outre les cases et les jardins, un grand nombre d'arpens d'excellentes prairies, dans lesquelles broutent, pêle-mêle, des bœufs, des moutons et des chèvres. A la première vue, Bohou a quelque ressemblance avec Kano, quoiqu'elle ne soit pas entrecoupée de marais comme cette dernière ville. Bohou était autrefois la capitale du Yarriba, mais le prince qui régnait, il y a environ un demi-siècle, préférant la situation en plaine de Katunga, y transféra le siége du gouvernement. Depuis lors Bohou a visiblement décliné en richesse et en population, mais elle ne laisse pas d'être considérée encore comme une place fort importante, et comme la seconde ville du royaume. Elle est environnée de collines en amphithéâtre, presque toutes boisées, et qui dominent un vaste horizon. Les terrains autour de la ville sont cultivés avec soin, et ne le cèdent pas en apparence aux plus belles campagnes de l'Angleterre, dans la saison la plus favorable de l'année. Ces avantages sont appréciés des fellans, qui s'y établissent en si grand nombre avec leurs troupeaux, que le gouverneur nous avoua naïvement ne pouvoir les compter. Ces étrangers approvisionnent le marché de lait, de beurre et de fromage, à des prix modérés. Leur fromage a l'aspect du blanc d'œuf durci : ils le façonnent en petits pains d'environ un pouce carré, que l'on fait frire dans du beurre, et qui sont très-mangeables.

J'ai été tourmenté de la fièvre toute la soirée, avec des douleurs d'entrailles déchirantes; cependant, je ne perds pas courage, et espère être promptement remis. Il est heureux que nous ne soyons pas malades tous deux à la fois :

aussitôt que l'un reprend des forces, l'autre a besoin d'être soigné.

Mercredi, 5 *mai*. — Selon sa promesse, mon frère s'est rendu ce matin chez l'intendant du gouverneur, ou chez le ministre, comme on l'appelle pompeusement ici, me laissant à la garde de Paskoe et de sa femme. Il paraît que ce ministre a été placé par le roi de Katunga comme espion près du gouverneur, qui ne peut prendre aucune détermination dans les choses d'un intérêt public sans l'avoir auparavant consulté et s'être assuré de son consentement. Du reste, il s'est si bien conduit que, malgré cette délicate position, il s'est fait aimer du gouverneur et de tous les habitans. Il existe bien une sorte de rivalité entre ces deux hommes, mais elle n'a pour but que de bonnes actions. Sachant que le gouverneur nous avait envoyé un bœuf, il en a donné un à mon frère, ainsi qu'une grande calebasse de *pitto* (bierre du pays), qui a été aussitôt partagée entre les gens de la suite ; un pot de miel a terminé la liste des présens : ils ont été apportés de sa part à notre case, tandis que mon frère était encore avec lui. La vue d'une montre l'a jeté dans des transports d'étonnement et d'admiration ; il ne pouvait se lasser de l'examiner et de l'écouter. Les éperons de mon frère excitèrent aussi vivement sa curiosité, et il les examina avec la plus minutieuse attention. Il espérait, dit-il, que Dieu nous bénirait, et il formait des voeux sincères pour notre sûreté. Il fit l'observation que les hommes blancs n'adoraient qu'un grand et seul Dieu, de même que les hommes noirs, ajoutant que tous les biens de la vie venaient de là.

A son retour, mon frère me trouva fort malade. Je m'étais senti si faible et si abattu pendant son absence, que ma guérison semblait douteuse. Cependant, au bout de quelques heures, j'allai mieux. Nous envoyâmes, dans l'après-midi, au gouverneur et à son ministre, qui nous avaient si bien accueillis, trois aunes anglaises (deux aunes un quart de France) de beau drap rouge, un miroir, une pipe, une paire de ciseaux, une tabatière, et un grand couteau à fermoir. La pipe, et surtout le drap rouge, furent fort admirés; en somme, ils parurent satisfaits de nos présens, et nous en témoignèrent une reconnaissance excessive. Ce matin on a tué un de nos boeufs; les deux tiers ont été distribués par le gouverneur et son intendant aux pauvres de la ville; et le reste, partagé entre nos gens, qui ne sont nullement pressés de quitter un endroit où ils jouissent d'un bien-être inaccoutumé.

Hier soir, deux femmes, qui sont amies, et qui avaient été séparées, mais pour peu de temps, se sont rencontrées dans une cour contiguë à la nôtre, où habite l'une d'elles. À peine se sont-elles vues, qu'elles ont fondu en larmes, continuant de pleurer et de crier si haut que nous les avons entendues distinctement pendant toute la nuit, et long-temps encore après le lever du soleil.

Jeudi, 6 *mai*. — Je me sens si bien aujourd'hui que je ne désespère point d'être en état de monter à cheval demain. Peut-être que de tous les maux qui assiégent un malade le bruit est la chose la plus insupportable : mais, en Afrique, fût-on à la mort, impossible d'obtenir rien qui ressemble à du calme. Outre le mouvement continuel des pigeons, qui roucoulent à notre oreille, le bêlement des chèvres et des moutons, les aboiemens d'une foule de chiens affamés, nous sommes poursuivis sans relâche du caquet des femmes : il n'y a que la maladie ou la mort qui les puisse réduire au silence. Leurs voix aiguës et criardes dominent tous les autres bruits, et jusqu'aux hurlemens des chiens; et malgré les efforts de mon frère et ceux de nos gens, je n'ai cessé d'en être persécuté pendant ma maladie. Cet inconvénient peut paraître léger à quelqu'un qui ne l'a pas éprouvé, mais c'est une affreuse torture pour un pauvre malade gisant sur sa couche, et qui a encore plus besoin de repos que des secours de la médecine. Au dehors, les cris des hommes et des femmes; au dedans, ceux des enfans, le bourdonnement des cerfs-volans, et autres gros insectes; les piqûres répétées des mosquites et d'une innombrable quantité de mouches, de toute forme et de toute grandeur; enfin une masse de choses irritantes auxquelles il faut se résigner en attendant que, délivré de la maladie, et encore une fois sur pied, on puisse prendre une part active à tout ce tracas. Mais alors même ce vacarme est souvent insupportable, et ici, pour jouir du silence, il faut se réfugier dans les profondeurs des forêts.

Nous eûmes ce matin la visite de quelques fellans; ils diffèrent peu des naturels, quant à la couleur et à la forme des traits, mais ils s'habillent avec plus de goût, et portent un plus grand nombre d'ornemens au cou et aux poignets. Ils ont aussi grand soin de leurs cheveux, que les femmes tressent avec un art extraordinaire, leur donnant exactement la forme d'un casque de dragon, comme la coiffure de la jeune femme que nous vîmes à Jenna. Les cheveux des fellans sont beaucoup plus longs que ceux des nègres; ils les divisent sur le sommet de la tête, et font de chaque côté une espèce de queue qui passe sur la joue et s'attache sous le menton.

Une autre troupe de fellans est venue nous visiter ce soir; ils n'avaient jamais vu d'hommes blancs : ils nous ont prié d'accepter un peu de lait caillé qu'ils nous apportaient en cadeau. Leurs manières étaient réservées et même respectueuses. Rien dans nos personnes ne parut les frapper comme ridicule; au contraire, ils admiraient en silence nos vêtemens et notre teint, et après nous avoir examinés quelque temps à distance, ils se retirèrent fort satisfaits de cette faveur.

La générosité du gouverneur de Bohou, loin de se ralentir, semble s'accroître : littéralement, il nous *inonde* de lait, et n'est pas moins prodigue des autres choses. Nous éprouvons un vif plaisir à rencontrer cette bienveillance native dans un lieu où nous étions loin de l'espérer, et où elle nous était si nécessaire.

Vendredi, 7 mai. — Hier soir, comme nous venions de nous retirer dans notre case pour nous coucher, une femme fellane est venue nous apporter des œufs de pintade, et un grand bol de lait nouvellement tiré, en échange de quelques aiguilles que nous lui avions données dans l'après-midi. Je rapporte cette petite circonstance pour montrer la différence qui existe entre les fellans et les Yarribani : ceux-ci ne témoignent jamais la moindre reconnaissance des dons qu'on leur fait, et affectent même de les recevoir avec insouciance ou mépris, comme nous avons eu plus d'une occasion de le voir. A quelques rares exceptions près, un Yarribani ne vous a jamais une véritable obligation de ce que vous faites pour lui.

Ce matin je me suis senti assez fort pour me remettre en route, et nous sommes partis. Le gouverneur est venu nous faire ses adieux, et nous a fait présent de deux mille cauris, pour nous aider à continuer notre voyage. Nous avons dit que Bohou avait à-peu-près vingt milles de circonférence, mais je crois que nous sommes restés bien en-deça de la vérité, car une fois hors de son enceinte, nous avons été étonnés de l'immensité de son étendue. Après deux heures de marche, nous traversâmes un village agréable, mais peu habité, appelé Malou (*Maloo*), et moins d'une heure après nous arrivâmes à Jaguta; ville grande et compacte, fermée d'un mur beaucoup plus fort et mieux bâti que tous ceux que nous avons rencontrés jusqu'à présent.

Jaguta, située à l'Est-Sud-Est de Bohou, est éloignée de cette ville de douze à treize milles environ. Sur la route, nous avons rencontré une troupe de marchands du Nyffé, venant de *Koulfu*, et conduisant des ânes, chargés de trona, au marché de *Gonja*. Il y avait parmi eux deux femmes proprement vêtues, dans leur costume indigène; portant, par dessus leurs autres vêtemens, des tobès, ou larges robes blanches, qui ressemblent beaucoup aux chemises des Européennes. Aujourd'hui, nous avons vu, pour la première fois, des ânes, employés au transport des fardeaux. Ce pénible office est ordinairement rempli par les gens du peuple, de l'un et de l'autre sexes, mais surtout par les femmes et les jeunes filles.

Le gouverneur de Jaguta est venu le soir s'excuser de ne nous avoir pas visités de tout le jour, il était allé dans la campagne avec sa suite, faire un fétiche pour la prospérité du roi de Katunga. Sa rentrée dans la ville, avec son cortége, a été annoncée par une fanfare de tambours, et de fifres, etc., suivie de l'accompagnement obligé de chants et de danses. Les musiciens exécutent maintenant une symphonie africaine en sa présençe, dans une cour voisine de la nôtre; il est de dix à onze heures du soir, et nos oreilles seront probablement assourdies toute la nuit, par une combinaison des sons les plus barbares. Il est heureux que je sois assez bien portant pour n'en point prendre souci, autrement cet effroyable charivari serait capable de me rendre fou. On nous assure que le chemin qui nous reste à parcourir est extrêmement dangereux, et infesté de brigands, qui, au dire du chef, ne respecteront pas nos propriétés. Cette terreur universelle est causée par une poignée de voleurs, venus du Borgou, qui n'ont pour toute arme que de vieux mousquets brisés, et un peu de poudre. Il est vrai qu'avec cela ils peuvent mettre en fuite une légion d'indigènes. Toute la soirée les habitans ont travaillé derrière les murailles, pour empêcher ce terrible ennemi de les escalader, et de s'emparer de la ville.

Samedi, 8 mai. — Cette nuit-ci, et l'avant-dernière, nous avons eu des orages qui, cependant, ne nous ont point contrariés. Les naturels attribuent les averses, qui sont tout-à-fait de saison, à notre seule influence; de sorte que, dans plusieurs endroits, notre arrivée a été saluée d'acclamations, comme l'évènement le plus heureux. Une chose remarquable c'est l'inégalité des pluies. Depuis un mois et plus, les terres de certains cantons sont tout-à-fait submergées, et à quelques milles de là, la végétation dépérit, faute d'eau.

Le gouverneur de Jaguta a fait des préparatifs extraordinaires pour assurer notre passage à travers le redoutable sentier. Un cavalier, armé d'un sabre et d'une lance, suivi de quatre soldats à pied, munis de plusieurs arcs et d'immenses carquois pleins de flèches, se tenaient prêts ce matin à nous protéger pendant le voyage. Le cavalier qui marchait en tête, a exécuté une foule de tours grotesques, à notre grand amusement. Ravi de lui-même et de son adresse, il faisait tourner son sabre nu au-dessus de tête, brandissait sa lance, faisait caracoler et piaffer son cheval, puis partait au galop. Son costume des plus étranges, et d'ailleurs vieux et déchiré, le faisait ressembler parfois à un faisceau de guenilles, voltigeant en l'air. Malgré tout ce déploiment d'activité et de fanfaronnades, cet homme aurait fui devant son ombre au clair de lune. Nous avions vraiment regret qu'il ne s'offrît pas quelque occasion de mettre son courage à l'épreuve; mais nous ne rencontrâmes que deux ou trois femmes, les « hommes de guerre » étant probablement occupés ailleurs.

Notre voyage d'aujourd'hui a été ridiculement court, de quatre milles seulement. Impossible de persuader aux naturels superstitieux, qui, en pareille matière, n'ont foi qu'à leur fétiche, que des voleurs n'oseraient s'attaquer à des hommes blancs.

La ville, où nous sommes forcés de faire halte, se nomme *Shéa* : elle est défendue par une enceinte de murailles; sa population est nombreuse, si l'on en juge par la foule qui se précipita au-devant de nous, dès que nous eûmes franchi la porte. En général, il est difficile pour un voyageur d'évaluer la population d'une ville ou d'un village de cette partie de l'Afrique, car il ne peut guères l'estimer que sur le nombre d'enclos et de maisons, et quelquefois il arrive que cent personnes au moins habitent le même enclos, tandis que celui d'à côté ne contient que six à sept individus.

La description d'une ville du Yarriba peut s'appliquer à toutes. Le plus ou moins de propreté, la richesse du sol, la beauté des campagnes environnantes, les arbres qui les ombragent, peuvent donner de la supériorité à certaines villes; mais quant à la disposition, elle est partout à peu près la même. Des murailles en terre, irrégulières et mal construites; un mauvais toît de chaume, mal peigné; pour plancher, de la boue séchée, battue et mêlée de bouse de vache, telle est l'habitation du plus grand nombre des Yarribani, auprès de laquelle une grange anglaise serait un palais. La seule différence entre la demeure du chef et celle de ses sujets, c'est que la première contient un plus grand nombre de cours et de cases, habitées pour la plupart par des femmes et des esclaves, confondus et mêlés avec les troupeaux de moutons, de chèvres, de porcs, et une grande quantité de volailles.

Hier nous avons traversé deux petites rivières, et aujourd'hui une beaucoup plus considérable; toutes coulaient du Nord au Midi. Shéa est à quatre milles Sud-Est de Jaguta. Le gouverneur nous a fait présent d'un porc, et de bierre du pays; quelques autres personnes nous ont aussi apporté des provisions.

Dimanche, 9 mai. — Nous avons consenti, quoiqu'avec répugnance, à assister ce matin, avant notre départ, et à cheval, à une représentation de sauts périlleux. Ce spectacle nous a un peu retenus; dès qu'il a été fini, nous sommes sortis de la ville au son du tambour, précédés d'un cavalier armé, et suivis d'une foule innombrable d'habitans. A six milles de Shéa nous avons traversé une grande ville nommée *Esalay*; elle est entourée de murailles ruinées, et les habitations, aussi en ruines, sont presque toutes désertes. Cette ville a été réduite à cet état de désolation et de misère par suite de la protection que son gouverneur avait accordée à un infâme brigand, dont la cruauté, et les attaques réitérées sur des voyageurs sans défense, attirèrent enfin l'attention du roi de Katunga. Mais déjà les habitans d'une ville voisine qui avaient eu à souffrir des déprédations de ce voleur, appelèrent à leur aide bon nombre d'hommes du Borgou, qui ne valaient guère mieux, et résolurent de le forcer dans son repaire, et de le faire prisonnier. Leurs efforts furent vains; le gouverneur d'Esalay donna asile au mécréant, et, retranché derrière ses murailles et soutenu par son peuple, il força l'ennemi à lever le siége. Bientôt après il reçut un message du roi de Katunga, lui enjoignant de livrer le brigand, pour qu'il eût à subir le châtiment de ses crimes. Au lieu d'obéir, le gouverneur avertit le coupable du danger qu'il courait, et favorisa même, dit-on, sa fuite à Nyffé. Un second message du roi apporta au gouverneur l'ordre de payer une amende de cent-vingt mille cauris, ou de mettre fin à ses jours par le poison; comme ni l'un ni l'autre de ces deux partis ne lui convenaient, il envoya un député à Katunga, et se rendit à Shéa pour y attendre la détermination de son souverain. Nous l'y avons vu hier, bizarrement vêtu d'un tobé de fantaisie, sur laquelle étaient cousus une quantité de caractères arabes. Il jouissait d'une entière liberté, et ne paraissait pas prendre sa situation fort à cœur. Les habitans d'Esalay se voyant abandonnés de leur chef, menacés par le roi de Katunga, harcelé par les hommes du Borgou qui sont restés dar le pays, n'épiant que les occasions de faire le mal, ont pris l'alarme, et plusieurs d'entr'eux, désertant leurs huttes, à l'exemple du gouverneur, se sont dispersés dans les villages voisins. Fort peu de gens habitent encore Esalay; et cette ville, naguère populeuse et florissante, n'est aujourd'hui qu'un amas de ruines.

Après Esalay nous traversâmes un large marais et trois rivières qui coupaient le chemin. Le coassement d'une multitude de grenouilles, joint au bruit de notre tambour, anima tellement nos porteurs, qu'ils doublèrent le pas. Nous atteignîmes bientôt un village ouvert appelé *Okisabba;* nous nous y reposâmes deux heures à l'ombre d'un grand arbre, pour attendre quelques-uns de nos gens qui s'étaient attardés en route. Puis, nous remettant en marche, nous ne nous arrêtâmes plus qu'à la grande ville d'Atoupa (*Atoopa*), ceinte de belles murailles, et que le capitaine Clapperton a traversée lors de sa dernière expédition. Pendant le voyage nous avons observé une chaîne de collines boisées, courant du Nord Nord-Est au Sud Sud-Ouest. Nous avons parcouru un terrain sauvage, semé par intervalles de buissons rabougris, et entrecoupé de quelques pièces de terre cultivées, mais en petit nombre, et ne donnant point l'idée des approches d'une capitale. Atoupa est à environ vingt milles Nord-Est de Shéa, où nous avons couché hier soir.

Lundi, 10 *mai*. — Les guides armés n'étant plus nécessaires, nous sommes partis ce matin, accompagnés seulement des messagers et des inteprètes que nous avons amenés de Badagry et de Jenna. Au sortir d'Atoupa nous avons traversé une rivière qui coule au pied de cette ville; là, nos porteurs nous ont rejoints, et nous avons continué notre route à travers un pays d'une beauté peu commune, bien cultivé, abondant en bois, en ruisseaux, et très-populeux, à en juger par le nombre de villages épars à sa surface. Chemin faisant on nous montra l'endroit où un jeune homme a été assassiné, il y a environ sept ans, par des bandits du Borgou. Il voyageait avec une jeune fille qu'il aimait, et qu'il devait bientôt épouser. Les brigands, après avoir essayé d'obtenir qu'il la leur livrât, voulurent employer la violence, et il lutta contre eux jusqu'à ce que la jeune fille se fût enfuie. Il se mit alors à courir pour sauver sa vie; mais ils le poursuivirent, et le percèrent d'un si grand nombre de flèches, qu'à la fin il tomba, et mourut dans le sentier, à un mille environ du lieu où il avait été frappé. L'impression qu'a laissée cette histoire, l'horreur et la vivacité avec lesquelles on la raconte, tout nous porte à croire que, malgré les bruits qui circulent sur les voleurs du Borgou, et malgré la terreur qu'ils inspirent, un meurtre sur la grande route est un événement fort rare. Lorsqu'un pareil crime se commet, toute la nation semble frappée d'effroi, et le peuple se lève et s'arme comme si une armée ennemie dévastait le pays et égorgeait les habitans. L'amour du jeune homme qui s'est fait tuer pour sauver sa maîtresse, est au reste le seul exemple de ce genre d'attachement que nous ayons entendu citer. Le mariage est célébré par les naturels avec aussi peu de cérémonie que possible. Ils n'attachent pas plus d'importance à prendre femme qu'à couper un épi de blé. L'affection n'entre pour rien dans l'affaire.

Un village en ruines, et une petite ville nommée Nama, où nous fîmes une halte de quelques instans, sont les seuls endroits habités que nous ayons traversés aujourd'hui, avant notre entrée à *Léoguadda*, ville enceinte d'une double muraille, dans laquelle nous nous proposons de passer la nuit. Le gouverneur était par hasard dans son jardin à notre arrivée. Ennuyés de l'attendre, nous avons fait choix nous-mêmes d'une case convenable et assez bien disposée. Une demi-douzaine de femmes nous ont assaillis d'un torrent d'injures; mais nous sommes parvenus à les éloigner, et à demeurer tranquilles possesseurs de notre logement. Au centre de la cour est un enclos circulaire et sans toit, dans lequel un crocodile est renfermé depuis sept ans. Cet animal vorace se nourrit de rats, et en mange habituellement cinq par jour. Un des naturels voyant ma curiosité, m'offrit d'aller à une rivière qui coule dans le voisinage me chercher autant de jeunes crocodiles que j'en pouvais désirer; mais comme je n'ai nul moyen de transporter ces animaux, j'ai décliné ses offres. Les habitans de *Léoguadda*, probablement faute de poison végétal, trempent la pointe de leurs flèches dans le venin des serpens. Les têtes de ceux qui ont servi à cette préparation sont fixées au bout de bâtons que l'on suspend, comme des trophées, à la toiture dans l'intérieur des huttes.

Léoguadda est presque entièrement environnée de collines rocheuses, formées de blocs de granit; un grand nombre d'arbres verts, à larges ombrages, qui croissent dans l'enceinte des murailles, prêtent à la ville l'aspect le plus pittoresque; d'immenses champs de blé, d'ignames, sont cultivés dans le voisinage. Les naturels nourrissent quantité de porcs, de volaille, de chèvres, de moutons; autrefois on voyait aussi des troupeaux de gros bétail dans les prairies, mais ils appartenaient à des fellans, qui, depuis quelque temps, ont abandonné le pays pour rejoindre leurs compatriotes à *Alorie*.

Mardi, 11 *mai*. — Nous avons quitté Léoguadda de bonne heure ce matin, et vers le milieu de l'après-midi nous sommes arrivés à une ville murée, de quelque étendue, nommée Itcho (*Eetcho*). Ce lieu a quelque importance à cause d'un marché considérable qui s'y tient toutes les semaines. Un incendie a consumé récemment plus de moitié de la ville, et l'on ne croit pas que jamais elle redevienne ce qu'elle a été. Comme la plupart des villes commerçantes, elle est irrégulière et sale. Notre route aujourd'hui a été extrêmement agréable; le sentier traversait un beau pays, riant, varié, coupé de collines de granit; des arbres et des buissons du plus beau vert croissent dans les interstices des roches, et les dérobent presqu'aux yeux.

Le gouverneur d'Itcho nous a accueillis très-civilement, mais jusqu'à présent c'est la seule faveur qu'il nous ait accordée; et, quoique probablement il ne soit pas moins riche que les autres chefs, il n'a pas imité leur exemple, et nous a laissé le soin de nous procurer des vivres comme nous l'entendrions.

A un jet de pierre, vers l'Ouest de la ville, passe la principale route du Borgou, du Nyffé, du Haoussa, d'Yaourie, etc. Six heures de course à cheval nous conduiraient hors du territoire d'Yarriba, et dans les domaines du roi de Kiama. Quand un étranger de quelqu'importance approche de Katunga, il est d'usage qu'il envoie devant lui un messager donner avis au roi de sa venue; à cet effet, un de nos guides de Jenna doit partir demain, et l'on nous annonce qu'il nous faudra rester jusqu'à jeudi matin pour attendre l'escorte. Nous nous passerions volontiers d'un honneur qui nous expose à mille inconvéniens, et, pour nous y soustraire, nous comptons partir au clair de lune.

On aura peine à croire que cent soixante-six gouverneurs de villes ou de villages, situés entre Itcho et la côte, tous dépendans du Yarriba, sont morts, ou ont été tués à la guerre depuis notre passage; dans tous les lieux habités par lesquels nous sommes passés, il ne reste que six des chefs qui m'ont reçu et accueilli à mon retour à Badagry, il y a trois ans.

Mercredi, 12 *mai*. — Nous avons eu cette nuit un violent ouragan, et la pluie était si forte ce matin qu'il nous eût été à peu près impossible de continuer notre route, quand même il ne nous eût pas fallu rester à Itcho aujourd'hui. C'est à midi que commence le marché si renommé de cette ville; des milliers de vendeurs et d'acheteurs se rassemblent sur une vaste place centrale, qui offre alors le tableau le plus vivant, le plus animé. Sans parler du bourdonnement et du bruit de cette multitude de barbares, les sons discordans de l'épouvantable musique du pays auraient suffi pour nous empêcher de nous entendre. Les habitans de Katunga, et d'autres villes moins importantes, se pressaient dans Itcho pour assister au marché, qu'on nous dit cependant être moins populeux que de coutume; les pluies qui sont tombées, et les prétendus dangers de la route ayant retenu chez eux plusieurs milliers d'individus. De la toile du pays, de l'indigo, des vivres étaient exposés en vente, mais rien n'attira en particulier notre attention. On doit faire bonne garde cette nuit de crainte que la ville ne soit attaquée pendant notre séjour : il est convenu que toute personne trouvée errante hors des murs, après le coucher du soleil, sera, sans cérémonie, saisie et dépouillée.

Il existe à Itcho une coutume peu galante : toute femme qui vient au marché avec l'intention d'y vendre quelque chose, paie une taxe de dix cauris au gouverneur; tandis que tout individu de l'autre sexe peut entrer dans la ville et y vendre ce que bon lui semble, sans rien payer.

Jeudi, 13 *mai*.—Nous étions levés de grand matin, nous voulions arriver à Katunga, et la traite est longue; non-seulement nous espérions atteindre la ville avant que la chaleur devînt excessive, mais notre intention était aussi de prévenir, s'il était possible, l'escorte que le roi devait, selon toute apparence, envoyer à notre rencontre. Cependant, malgré tous nos efforts, il était six heures avant que nous fussions tous prêts à partir; l'air était plus frais que nous ne l'avons trouvé depuis notre débarquement, le thermomètre étant descendu à 71° à l'ombre. Les naturels semblaient extrêmement sensibles à ce degré de froid; quoique soigneusement enveloppés de leurs vêtemens les plus chauds, ils tremblaient de tous leurs membres. Des centaines, je pourrais dire sans exagérer des milliers d'habitans nous précédaient et nous suivaient; ils se frayaient un chemin à travers l'épaisseur de la forêt, sans s'écarter de notre sentier; leurs vêtemens bleus et blancs contrastaient avec le vert foncé des arbres, et produisaient un effet fort agréable. Depuis deux heures nos chevaux avançaient d'un pas rapide lorsque nous découvrîmes Itcholy (*Eetcholie*). Les environs sont couverts d'une multitude d'arbres, et sous leurs branches, qui s'étendent au loin, différens groupes assis sur le gazon, se rafraîchissaient : nous les imitâmes; de l'eau et un peu de blé, notre nourriture ordinaire en route, composèrent notre collation, et nous venions de reprendre notre chemin, allègres et dispos, quand l'escorte, qui nous mettait si mal à l'aise, fut aperçue à distance; elle venait grand train, et en peu de minutes elle nous eut joints. Après tout, notre modestie n'avait pas trop à s'effaroucher de l'éclat du cortège, car, heureusement il consistait en quelques individus déguenillés à pied, et huit à cheval : ceux-ci n'avaient qu'un seul tambour, mais les premiers comptaient dans leur bande plusieurs hommes pourvus de fifres, de tambours et de trompettes.

Je sonnai du cor, au grand étonnement des naturels charmés, mais un trompette noir, jaloux de soutenir l'honneur de son instrument, me porta un défi qui se termina par la défaite complète de l'Africain; hué et persifflé par ses compagnons, il céda le terrain en désespoir de cause. J'ai lu quelque part qu'autrefois une contestation s'éleva entre un rossignol et certain musicien dont j'ai oublié le nom; le chantre ailé désespérant d'égaler les divins accords du ménestrel, rendit hommage à la supériorité de son antagoniste en tombant mort à ses pieds. L'Africain, il est vrai, n'expira pas sur la place, mais il baissa la tête, et silencieux, stupide, l'air hébété, il ne s'avisa de porter son cornet à sa bouche que quand il imagina que ses compagnons avaient oublié sa disgrace. Parmi les instrumens dont on fit usage dans cette mémorable occasion, il y avait un morceau de fer, exactement de la forme d'une pelle à feu, on le frappait avec un gros morceau de bois, et il rendait un son beaucoup moins harmonieux que celui des castagnettes. L'escorte avait pour chef un gaillard d'une force prodigieuse, porteur de la physionomie la plus étrange et la plus hideuse. Si un regard féroce, haineux, querelleur, des sourcils froncés, une grossière rudesse et une sauvagerie repoussante répandue sur toute la personne, peignent bien le gardien d'un château enchanté, certes jamais faiseur de roman n'aurait pu rencontrer un plus heureux modèle. Avec une taille gigantesque, cet homme avait une force athlétique; ses yeux, très-ouverts, étaient vifs, perçans, toujours en mouvement; son large nez aplati s'étendait sur ses deux joues; ses lèvres, d'une dimension démesurée, laissaient voir deux larges rangées de fortes dents; sa barbe noire, épaisse, hérissée, couvrait toute la partie inférieure de sa figure, et descendait sur sa poitrine; Barbe-Bleue, de redoutable mémoire, n'était rien en comparaison; de pareils traits auraient fait croire que tout ce que les passions humaines peuvent avoir de criminel et de dépravé devait être concentré dans ce cœur, et cependant, malgré un extérieur si désagréable, si repoussant, cet homme était en réalité aussi innocent, aussi doux qu'un agneau. Il portait un petit chapeau en roseaux, de la forme d'un plat de terre retourné, dans le genre de ceux des Chinois de la classe inférieure; un morceau de grossière étoffe bleue couvrait sa poitrine, un grand carquois rempli de flèches pendait à son épaule gauche; sa main droite était armée d'un arc qu'il brandissait comme une lance; une paire de culottes courtes couvrait ses cuisses; ses jambes et ses pieds étaient emprisonnés dans des bottes en cuir taillées d'une manière bizarre; sa peau était d'un noir de jai, son front haut, mais sa terrible barbe, qui commençait à grisonner, contribuait peut-être plus que tout le reste à lui donner cet air farouche et sauvage qui nous inspira d'abord une sorte d'épouvante.

On se remit en route, et après six heures de marche forcée depuis Itcho, nous distinguâmes, du haut d'une petite éminence, les collines de granit, noires, nues, au pied desquelles repose la capitale du Yarriba : une heure après nous entrions dans cette grande cité. Suivant l'usage, nous fîmes halte sous un arbre, près des portes de la ville, jusqu'à ce que notre arrivée fût notifiée au roi et à ses eunuques. Las d'attendre, nous nous rendîmes droit à la résidence d'Ebo, chef des eunuques, et l'homme le plus influent après le roi. C'était un personnage grand, gros, gras, rond, huileux; il prenait l'air sous le portique d'entrée de son habitation; deux autres eunuques de même apparence étaient assis à terre auprès de lui, et se joignirent à leur chef pour nous complimenter, et nous donner la bien-venue à Katunga, s'adressant plus particulièrement à moi; leurs félicitations avaient toute apparence de sincérité, de cordialité et de bienveillance. Une conversation fort peu intéressante s'engagea entre nous; elle dura long-temps, et nous nous acheminâmes tous ensemble vers la demeure du roi, située à un demi-mille de celle d'Ebo.

CHAPITRE IV.

Katunga. — Mansolah, roi de Katunga. — Précautions pour éviter d'être retenu par le roi. — Apathie des naturels. — Marchés de Katunga. — Retard occasionné par les hostilités d'un peuple voisin. — Usage relatif aux présens. — Réserve des habitans sur ce qui concerne le pays. — Leur caractère. — Progrès des Fellans. — Préparatifs de départ et nouvelle route. — Visite d'adieu au roi.

Nous avions d'avance envoyé avertir le roi de notre arrivée, et cependant nous attendîmes long-temps avec beaucoup de patience qu'il eût revêtu ses habits de parade. Dans l'intention bienveillante de nous récréer et de nous faire paraître les heures plus courtes, le tambour-chef et ses subordonnés commencèrent un concert, ou plutôt un diabolique charivari. La grosse caisse, les cymbales, les trompes, se firent entendre sans relâche jusqu'à l'apparition de Mansolah; mais alors régna le plus profond silence, et on nous invita à nous approcher pour lui rendre nos devoirs. Nous nous en acquittâmes à la manière anglaise, au grand divertissement du roi, qui tenta de nous imiter. Mais il était facile de reconnaître qu'il était tout-à-fait novice aux coutumes européennes, et n'entendait rien aux saluts, aux serremens de mains, etc. Il est même probable que notre gaucherie et notre manque de savoir vivre excitèrent sa gaieté, car il partit, ainsi que sa femme, ses eunuques et tous les assistans, d'éclats de rire si francs, si prolongés, qu'il nous fut impossible de ne pas nous joindre à ces bruyantes démonstrations, quoique, si l'on nous eût demandé la cause de toute cette joie, nous eussions été fort embarrassés de répondre.

La coiffure de Mansolah avait quelque ressemblance avec une mître d'évêque, ornée d'une profusion de chapelets de corail, dont l'un faisait l'office de bride; il était noué sous le menton, de manière à empêcher le vent d'emporter le bonnet. Son tobé était d'étoffes de soie verte, de damas cramoisi et de velours vert, coupées par bandes et cousues l'une auprès de l'autre, comme les pièces d'un habit d'Arlequin. Il portait des bas de coton anglais, et de petites sandales de cuir, très-propres, de fabrique indigène. Un grand morceau de superbe drap bleu clair, que lui avait donné le capitaine Clapperton, lui servait de tapis. Les eunuques et autres personnages qui assistaient à la réception, se prosternèrent devant leur prince, suivant l'usage du pays, et à deux reprises différentes, se jetèrent de la terre sur la tête, s'éloignant un peu pour accomplir cette humiliante cérémonie, puis se rapprochant du potentat pour s'incliner de nouveau dans la poussière. Ils saluèrent également le terrain près duquel il était assis, le baisant avec ferveur, et y appliquant alternativement leurs joues. Ce fut alors seulement, qu'avec leurs cheveux, leur tête, leur poitrine et leurs lèvres, souillés et teints de la terre rouge que l'humidité y avait attachée, il leur fut permis de s'asseoir près du monarque, et de prendre part à la conversation. Deux ou trois eunuques de classe inférieure, non contens d'un si grand avilissement, se mirent à se vautrer et à se rouler aux pieds du roi; mais ce ne fut pas sans beaucoup d'efforts et de travail. Ils haletaient et on n'eût pu mieux les comparer qu'à d'informes masses de chair. Ils continuèrent à se débattre dans la boue, comme d'immenses tortues enfonçant dans la vase, jusqu'à ce que Ebo les engageât à se relever. Parmi les assistans, nous remarquâmes bon nombre de vieillards chauves;

leurs cheveux, ou plutôt leur laine, ayant été probablement usés par ces fréquentes prosternations dans le sable, la poussière, la fange, ou tout ce qui se présente, quand il leur arrive de rencontrer le souverain.

La séance terminée, on nous offrit un chevreau, une calebasse de *caffas*, et deux mille cauris en espèces : une fanfare résonna, les rires recommencèrent de plus belle, nous échangeâmes une poignée de main avec sa majesté, puis nous nous acheminâmes vers notre logis qui avait été réparé et nettoyé de fond en comble. Là, nous nous sommes couchés pour nous reposer de nos fatigues ; le soir le roi est venu nous rendre notre visite ; à peine entré, il a témoigné un vif désir d'avoir le cor-de-chasse de mon frère ; nous nous sommes empressés de le lui donner. Ce cadeau lui a plû extrêmement, il en a exprimé sa reconnaissance par force sourires et discours : il dit qu'il était ravi de nous voir, que notre présence lui faisait du bien au cœur, qu'il espérait que notre séjour à Katunga nous serait agréable. Il n'oublia pas la poignée de main, nous fit un salut, et le cœur joyeux, se retira avec ses femmes, ses eunuques et ses serviteurs. L'habitation que nous occupons appartient à Ebo : il a fait, j'en suis sûr, tout ce qui dépendait de lui pour la rendre commode. Le capitaine Clapperton y a logé. La case de l'eunuque, premier ministre, touche à la nôtre, et y communique même par une entrée sans porte, de façon que nous aurons souvent occasion de voir son nombreux et malheureux sérail, et tous les enfans, petites filles et petits garçons, qu'il traîne à sa suite. Il nous a envoyé un mouton très-gras, en témoignage de sa bienveillance.

Vendredi, 14 *mai*. — Accompagné d'Ebo et d'autres eunuques difformes, mon frère est allé ce matin offrir au roi un présent qui a été assez bien reçu : Mansolah ayant assuré, par manière de compliment, j'imagine, que, lors même que nous n'eussions pas apporté la valeur d'un cauri, nous aurions été bien accueillis à Katunga, et défrayés à ses dépens. D'avance, nous avions sondé l'ami Ebo au sujet de notre voyage vers le Niger; mais il nous avait fortement recommandé de ne pas même laisser entrevoir au roi notre intention : « Ses soupçons, nous dit-il, s'éveilleraient aussitôt, et il vous retiendrait pendant un temps indéterminé, ou il vous renverrait vers la côte. » Nous crûmes donc prudent de dire qu'un de nos compatriotes était mort à Boussa, il y avait environ vingt ans, et que le roi d'Angleterre, prenant intérêt à lui et à sa famille, nous avait envoyés à la recherche de papiers que l'on supposait entre les mains du sultan d'Yaourie, espérant que le souverain de Katunga nous faciliterait les moyens d'arriver dans ce pays, d'y retrouver les papiers et de les reporter en Angleterre.

Mansolah n'avait point témoigné une vive curiosité sur le but de notre voyage, et ne parut pas surpris, quand nous le lui eûmes fait connaître. Il se hâta de répondre qu'il enverrait sous deux jours à Kiama, à Wowou, à Boussa et à Yaourie, pour prévenir de notre visite les gouverneurs de ces provinces, et qu'au retour de son messager, il nous laisserait libres de nous remettre en route. Cependant, il n'accorda cette dernière promesse qu'aux vives et pressantes sollicitations de mon frère, qui voulait avoir l'assurance que nous ne serions pas retenus au-delà du temps nécessaire, les pluies qui allaient commencer rendant les routes impraticables, et pouvant retarder notre voyage jusqu'au retour de la saison sèche.

On nous a expressément affirmé que le souverain de ce pays-ci est frère du roi de Benin : malgré ce proche degré de parenté, il n'existe pas la moindre relation, pas la moindre communication entre les deux états; du moins si l'on s'en rapporte aux témoignages des habitans. La trop grande distance, disent-ils, en est seule cause. Dans le Yarriba on donne souvent le nom de frères à des amis, à de simples connaissances. Mais pour éviter toute méprise, ils nous assurèrent que les deux rois « sont enfans du même père et de la même mère. » Ebo interrogé sur ce chapitre, nous imposa silence, en nous disant que nous étions trop curieux, ou, pour nous servir de ses propres expressions, « que nous parlions trop. » Notre projet, en quittant Yaourie, est d'aller directement à Guari; le prince nous enverra, selon toute apparence, à Funda. Là, tous nos efforts devront tendre à découvrir où et comment se termine le Niger, conformément à nos instructions écrites.

Samedi, 15 *mai*. — Au bruit fatigant du bavardage des femmes, qui nous a poursuivis sans relâche, depuis notre départ de Badagry, a succédé tout le calme, toute la tranquillité que nous pouvions désirer. Les femmes d'Ebo sont reléguées assez loin de notre logis; et à cette distance, le son aigu de leurs voix pourrait paraître agréable, comparé au discordant, assourdissant et perpétuel tintamare qui retentissait à nos oreilles, depuis le matin jusqu'au soir. Les hommes que la curiosité attire près de nous ne prolongent pas leur visite; une ordonnance du roi autorise Ebo à décapiter tout impertinent qui se permettrait de nous importuner contre notre gré; et personne, ajoute Mansolah, n'oserait taxer l'eunuque d'injustice ou de cruauté dans l'accomplissement de ses devoirs. Cette proclamation, si on peut donner ce nom à pareille mesure, a produit l'effet désiré; car la crainte qu'inspire l'expéditif Ebo, exécuteur public en même temps que chef des eunuques, a réprimé la curiosité des habitans de Katunga, et les retient chez eux.

Le grand maître de la cavalerie, personnage distingué, nous a fait présent aujourd'hui d'un mouton. Il jouit de quelqu'influence sur l'esprit de son maître. Mais le titre pompeux dont il est décoré donnerait une fausse idée de l'importance de son poste et de la responsabilité qui pèse sur lui; quelques misérables bidets de mauvaise mine, couverts d'écorchures, composent toute la cavalerie, dont l'inspection et la surintendance lui sont confiées.

Tout est calme et paisible dans cette grande et triste cité. On ne peut se défendre d'un sentiment de mélancolie en parcourant les rues presque désertes, et une vaste étendue de terrain fertile, sans une seule habitation, et où l'on trouve à peine un être vivant, pour animer et embellir cette morne solitude. On a laissé tomber en ruines les murailles de la ville; ce ne sont plus maintenant que débris et poussière. L'insouciance et l'apathie du monarque et de ses ministres sont telles, que le Fellan, vagabond et ambitieux, à déjà pénétré jusqu'au cœur du pays, et s'est emparé, presque sans résistance, de deux des villes les plus importantes. De jour en jour il gagne du terrain sur les indolens habitans, et sape les fondemens du trône de Yarriba. Il faut que les Yarribani ne comprennent pas le danger qui les menace; car ils ne pourraient rester spectateurs indifférens d'événemens qui tendent rapidement à détruire leur religion, leurs usages, leurs institutions, et à les annuler comme peuple. Au surplus des hommes sans prévoyance, sans résolution, dépourvus de toute sagesse, incapables de faire mine de se défendre à l'approche du danger, insensibles à l'amour du pays, source ordinaire des plus beaux exploits; hors d'état de protéger leurs femmes, leurs enfans et de se protéger eux-mêmes; possédés d'une incurable paresse; engourdis dans une indolence dont rien ne peut les arracher; de tels hommes sont indignes du nom de peuple; ils méritent de perdre leurs biens, leurs enfans, leur liberté, et de passer sous le joug d'un maître qui saura forcer leur insouciante paresse à fertiliser et embellir pour des étrangers, un sol qu'ils n'ont eu ni le courage, ni le désir de cultiver pour eux-mêmes.

Tous les jours il y a marché à Katunga, mais deux fois par semaine il est mieux approvisionné. J'en ai visité un ce matin, qu'on nomme « le marché de la reine ». Le soir, il s'établit dans un autre quartier, et prend le nom de « marché du roi ». Il y avait beaucoup plus de vendeurs que d'acheteurs; et, à tout prendre, les objets exposés étaient au-dessous de notre attente. Nous y remarquâmes trois ou quatre sortes différentes de céréales, des pois, des haricots, et abondance de légumes ; des noix de Guinée ; le beurre mi-cadania, ou substance butireuse, extraite de l'amande de l'arbre-à-beurre, ou mi-cadania. Des toiles de coton, fabriquées dans le pays ; de l'indigo, de la terre rouge, du sel, et différentes espèces de poivre; du tabac en poudre et en feuilles, du trona, ou carbonate de soude; des couteaux, des hameçons, des aiguilles, produit d'une manufacture indigène, et fort grossièrement fabriquées. On y trouvait aussi des bagues en plomb et en étain ; des bracelets et des anneaux de fer; de vieilles coquilles, de vieux ossemens, et autres vénérables reliques, devant lesquelles un antiquaire serait resté en extase. Il y avait du savon du pays, et de petits pains de beurre et de fromage ; un plat de terre bleue commune d'Angleterre ; une grande variété de verroterie, de fabrique européenne et indigène. Parmi ces derniers articles nous reconnûmes le célèbre grain de verre d'*Agra*, qui, au cap Coast, à *Accra*, et dans plusieurs autres endroits, se paie au poids de l'or, et que l'on a vainement essayé d'imiter en Italie et même en Angleterre. On offrait aux passans quantité de comestibles ; du bœuf, du mouton, roulés en petites boules de deux onces environ, d'une mine peu appétissante. Nous remarquâmes aussi des rats, des souris, des lézards ; les uns cuits, les autres crûs, tous avec la peau, et enfilés par légions.

Je trouvai au marché, et j'achetai une pierre d'une espèce très-singulière. Les naturels me dirent qu'on la tirait des entrailles de la terre, dans un pays nommé « Iffie », où l'on n'arrive de Katunga qu'après un voyage de quatre lunes. C'est là, suivant leur tradition, que leurs premiers parens ont été créés, et qu'est sortie toute la population de l'Afrique. Ignorant en minéralogie, comme en toute autre science, je ne connais pas la nature et les propriétés de cette pierre, et j'ai le regret de n'en pouvoir donner une description scientifique. Elle est composée d'un assemblage de petites pierres transparentes, blanches, vertes, et de toutes les nuances de bleu, enchâssées dans une sorte d'argile, donnant l'idée d'une grossière mosaïque.

A mon retour, et au moment où je terminais ce passage de mon journal, Ebo est venu nous annoncer qu'un corps de Fellans, venu de Sackatou, était arrivé à la *Moussa*, rivière qui sépare le Yarriba du Borgou, et qu'il avait attaqué une ville frontière, située sur notre route, « ainsi, continua Ebo, l'envoyé du roi à Yaourie est forcé d'attendre ici que la vérité ou la fausseté de la nouvelle se confirme, avant de partir pour Kiama; au bout de trois jours on saura à quoi s'en tenir, et l'homme se mettra de suite en marche. »

Il nous semble assez étrange que, précisément le lendemain de notre arrivée, les Fellans s'emparent d'une ville par laquelle nous devons passer, et que l'avis de l'approche d'un ennemi si redouté ne soit pas arrivé plus tôt; tandis que des nouvelles qui n'ont nulle importance traversent le pays avec la rapidité d'une flèche. C'est, à ce que nous imaginons, une feinte de Mansolah, pour nous retenir ici plus long-temps que nous ne le désirons, et jusqu'à ce que les pluies mettent à notre voyage un obstacle invincible. Peut-être nos soupçons sont-ils injustes; mais bien des circonstances se réunissent pour les confirmer.

Dimanche, 16 *mai*. — Afin de sanctifier le jour du repos, nous avons décidé de rester au logis, et d'employer notre temps en prières et en lecture. Ebo est venu nous voir plusieurs fois dans la matinée, sous différens prétextes. Il a fait fermer par un mur l'entrée qui conduit à l'appartement de ses femmes, alléguant pour raison la crainte que leur curiosité ne nous incommodât. Mais, au fait, il a bouché la communication des deux cours, de peur que les gens de notre suite ne portassent le trouble dans son intérieur, en voulant pénétrer dans les secrets de son sérail. Nous avons eu aussi la visite de plusieurs mallams, ou missionnaires du Haoussa; qui, malgré l'ennuyeuse contrainte à laquelle les condamne la jalousie du roi et de son peuple, consentent à rester ainsi loin de leur pays natal, et à passer leur vie au milieu d'étrangers et de païens. Que ces prêtres se dévouent par des motifs purement religieux, ou, ce qui est plus vraisemblable, qu'ils abandonnent leur pays et leur famille dans le but de s'enrichir aux dépens de la crédulité et de l'ignorance des naturels, c'est ce qu'il nous a été impossible de savoir. Quoi qu'il en soit, ils couvrent leurs intentions d'un semblant de dévotion et de piété, qui leur vaut la tolérance du monarque et de ses sujets. Il a plu ce matin pendant plusieurs heures.

Lundi, 17 mai. — Outre les présens offerts au roi et à son principal eunuque, on nous a fait entendre qu'il fallait en faire aux trois capitaines, comme on les nomme, qui conseillent le prince et conduisent ses soldats à la guerre. Nous allions nous rendre chez eux lorsque Ebo nous avertit qu'il était nécessaire de soumettre à l'inspection de son maître ce que nous nous proposions de donner, et d'obtenir son agrément. Mansolah ne fit aucune objection sur le choix des objets. Vers le soir, je montai à cheval, et me rendis à la résidence des capitaines. J'en fus très-bien reçu, et ils acceptèrent mes présens avec de grands témoignages de reconnaissance. Leurs huttes sont plus grandes, mieux construites que celle du roi : leurs cours plus commodes. Tout y était en bon ordre, propre, net. Ces capitaines jouissent de beaucoup plus d'aisance que leurs voisins; ils ont un grand nombre de femmes, des troupeaux considérables de moutons et de chèvres, principale richesse des naturels. On déposa à mes pieds un chevreau et deux grands pots de bierre du pays. Je pris congé après avoir fait mes remercîmens.

Il faudrait, à un étranger, un long séjour dans ces contrées, et une connaissance parfaite du langage, pour se former une idée juste des lois, des mœurs, des coutumes, des institutions, ainsi que de la religion, de la forme et de la nature du gouvernement. Le jargon des ignorans interprètes auxquels il faut recourir donne lieu à de si nombreuses et si grossières méprises, que nous désespérons d'obtenir sur tous ces chapitres des renseignemens étendus et précis. Ce que nous avons *vu*, voilà tout ce dont nous pouvons répondre. Il est peu de despote qui, comme le débonnaire souverain du Yarriba, veuille s'abaisser jusqu'à consulter les goûts et les inclinations de son peuple, et jusqu'à le mettre dans la confidence des affaires publiques et de ses intérêts privés. A la vérité, le monarque africain exige la même condescendance de ses sujets. Tout présent qu'ils reçoivent d'un étranger, quelque insignifiant qu'il soit, doit être porté à la résidence royale, et soumis à l'inspection du souverain. Du reste, celui-ci écoute avec une gravité patriarchale les détails relatifs aux intérêts personnels de ses sujets et à leurs affaires de famille. Les présens que nous lui avons faits ont été deux ou trois fois montrés au peuple. Il en a été de même de ceux d'Ebo et des trois capitaines. La foule s'informait principalement si nous avions donné au roi ou à ses ministres quelques ornemens en corail, et l'on satisfaisait à cette curiosité sans hésitation, ni remarque.

Si un naturel d'une des parties les plus reculées de l'empire annonce l'intention de faire le voyage de Katunga pour rendre ses devoirs au monarque, le gouverneur de chaque ville qu'il doit traverser est tenu de lui fournir tous les moyens de transport; de la sorte, lui et son bagage voyagent sans frais, de proche en proche, jusqu'à la capitale. Tout gouverneur qui se rend auprès du prince jouit du même privilége.

Un de nos messagers badagriotes, qui nous sert d'interprète, fait souvent les plus risibles bévues; il confond sans cesse les genres et les degrés de parenté. Il est venu nous dire aujourd'hui qu'un de ses *frères*, ami d'Ebo, et qui demeurait chez l'eunuque, demandait la permission de nous venir visiter. Nous nous attendions à voir entrer quelque personnage important, lorsque, à notre grande surprise, ce *frère* s'est trouvé métamorphosé en une vieille, toute ridée, qui n'est ni plus ni moins qu'une des femmes d'Ebo.

Mardi, 18 *mai.* — Adouly, chef de Badagry, dépêcha, il y a environ trois ans, un messager chargé de présens de grand prix, au roi de Katunga, priant ce dernier de faciliter à l'envoyé le voyage de Benin, où il avait à régler pour son maître quelques transactions avec le souverain du pays. Notre homme, s'étant approprié la plus grande partie de ce qu'on lui avait confié, ne remit à Mansolah qu'une bouteille de rhum, inventa quelque mensonge, et au lieu de poursuivre sa route selon ses instructions, s'établit dans une ville entre Katunga et Badagry. Étonné du silence et du retard extraordinaire de son messager, Adouly en avait envoyé un second avec nous, pour s'informer de ce qu'était devenu le premier. On a donné aujourd'hui cette explication en ajoutant que Mansolah avait fait cadeau à l'homme de quinze moutons, et l'avait traité avec beaucoup de considération. Le seul nom de Benin jette ici le trouble dans tous les esprits. Malgré nos tentatives et nos efforts réitérés pour savoir le nombre de jours nécessaires au trajet, nous ne pouvons obtenir que des réponses évasives : tantôt on nous affirme que le voyage de Katunga à Benin peut facilement se faire en douze jours ; tantôt qu'il faudrait quatre mois et plus. Il nous est impossible d'assigner un motif à ces contradictions. Peut-être n'y faut-il voir qu'une manière d'éluder et de punir la curiosité que nous inspire une puissance rivale et détestée. D'ailleurs, rien ne contrarie davantage les Yarribani que de répondre aux questions qu'on leur adresse, fussent-elles absolument insignifiantes. C'est une contrainte qu'ils abhorrent ; et, s'ils se trouvent forcés de parler, ils n'épargnent rien pour vous induire en erreur. Le prince lui-même n'est pas exempt de cette étrange manie ; mais, pour éviter de nous choquer lorsqu'il nous arrive, à notre insu, de commettre une indiscrétion, il charge Ébo de nous répondre ; alors, celui-ci secoue la tête, au nom de ses compagnons et du monarque, et nous dit : « Ne faites pas de questions. »

Sous le rapport de la richesse, du nombre de la population, Katunga n'a nullement répondu à l'idée que nous nous en étions faite. La vaste plaine au milieu de laquelle cette ville est située, quoique très-belle, le cède en vigueur de végétation, en fertilité, en beaux aspects, au délicieux pays de Bohou, qui est bien moins renommé. Le marché est passablement approvisionné, mais tout y est excessivement cher. Les basses classes en sont réduites à se priver presqu'entièrement de nourriture animale, ou à se contenter de la chair dégoûtante d'insectes, de reptiles et de vermine.

Le peu de temps que nous avons passé dans le pays ayant été employé à voyager d'une ville à l'autre, les usages des habitans ont échappé à nos observations, et il nous serait impossible d'en parler avec une entière certitude; cependant, le peu d'occasions que nous avons eues d'étudier leur caractère et leurs penchans nous portent à les croire simples, honnêtes, bons et inoffensifs; mais faibles, timides et lâches. Étrangers à toute affection sociale, ils n'ont point les douces vertus de la vie privée, ni les qualités brillantes qui commandent le respect et l'admiration. L'amour du sol n'est pas chez eux assez fort pour leur faire repousser les invasions d'un ennemi méprisable. Ils n'ont ni l'active énergie, ni le dédain du danger, ni la noblesse de sentiment qui caractérisent les tribus de l'Amérique septentrionale, et en général les peuplades sauvages. Insoucians du passé, sans prévoyance pour l'avenir, le présent seul influe sur leurs actions; et sous ce rapport, ils se rapprochent plus que tout autre peuple de l'instinct des animaux. Le pusillanime Mansolah et ses timides sujets tremblent de tous leurs membres au seul nom de l'ennemi, et cependant ils ne prennent pas la moindre mesure pour empêcher des bandes d'étrangers de s'établir dans les plus belles provinces de l'empire; encore moins pensent-ils à les en expulser une fois qu'ils en ont pris possession.

Cette impardonnable incurie, cet abandon des plus simples règles du bon sens et de la prudence, ont servi la cause des Fellans, qui se sont attaché un parti puissant, composé d'individus de différentes nations de l'intérieur, qui ont émigré à diverses époques dans le Yàrriba, et qui secondent de toutes leurs forces les entreprises des ambitieux envahisseurs. Les Fellans sont, de fait, solidement établis au centre même du royaume; ils se sont retranchés dans de fortes villes murées, et ont, tout récemment encore, arraché à Mansolah la déclaration de leur indépendance, tandis que ce monarque imbécille les voit tranquillement miner son autorité, affaiblir chaque jour les ressorts de sa puissance, sans tenter le moindre effort pour porter remède au mal ou en prévenir les progrès. Outre *Raka*, entièrement peuplée de Fellans, qui l'ont parfaitement fortifiée et rendue excessivement populeuse, on a vu surgir depuis peu une nouvelle ville d'une immense étendue, et qui surpasse de beaucoup Katunga en richesses et en population. Dans l'origine, c'était le rendez-vous d'une bande de Fellans. Ils lui donnèrent le nom d'*Alorie*, et encouragèrent tous les esclaves à venir y chercher un refuge contre l'oppression de leurs maîtres. Ils leur promirent, en échange des maux qu'ils enduraient, liberté, protection, et mille autres avantages, s'ils se déclaraient indépendans du Yarriba. Les mécontens accoururent à Alorie de plusieurs milles à la ronde, et furent bien reçus. Cela se passait il y a quarante ans environ : depuis lors, d'autres Fellans de Sackatou et de Rabba ont rejoint leurs compatriotes; et malgré les guerres, si l'on peut donner ce nom à de misérables brigandages qui se réduisent à l'enlèvement de quelques individus, Alorie est devenue la plus grande et la plus florissante ville du Yarriba, sans en excepter la capitale même. Sa circonférence est, dit-on, de deux jours de marche, c'est-à-dire de quarante à cinquante milles. Une forte muraille et des fossés la mettent à l'abri d'un coup de main. Les habitans possèdent de grands troupeaux de gros et petit bétail, et plus de trois mille chevaux, nombre qui paraît considérable, lorsqu'on pense qu'à Katunga on en compte à peine trois cents. Jamais on n'a fait le dénombrement de la population d'Alorie, mais elle doit être immense. Dernièrement son indépendance a été proclamée, et il a été permis aux habitans de trafiquer avec les naturels, à condition qu'on n'admettrait plus de nouveaux Fellans dans la ville. Elle est gouvernée par douze chefs, chacun de nation différente, et tous égaux en pouvoir, le chef Fellan n'ayant ni plus d'influence ni plus d'autorité que les autres. Raka n'est qu'à une journée de Katunga au Nord-Est, et Alorie à trois journées au Sud-Est. On prétend que la bande de Fellans qui s'était emparée d'une ville du Yarriba, sur les bords de la Moussa, l'a abandonnée, et est allée rejoindre ses compatriotes à Raka. Cette nouvelle a été apportée par les gens qui sont venus au marché, le roi n'ayant pas même envoyé quelqu'un s'assurer du nombre de ces aventuriers et du motif qui les amenait.

Mercredi, 19 *mai*. — Le roi ne nous a rien

donné depuis le jour de notre arrivée, et son présent avait quelque chose de mesquin et de honteux, venant du souverain d'un grand et puissant empire. Sa conduite envers le capitaine Clapperton avait été toute autre. Aussitôt après la première entrevue, il lui envoya un jeune bœuf, et tous les jours, jusqu'à son départ, une chèvre vivante ou quelque chose d'équivalent, et cela pendant près de sept semaines. Nos cadeaux n'ont apparemment pas rempli son attente; du moins n'ont-ils point éveillé chez lui les dispositions bienveillantes et généreuses que lui avait inspirées le présent, assurément plus beau et plus brillant, du capitaine Clapperton. Quoi qu'il en soit, toujours est-il certain que Mansolah et ses sujets ont assez des blancs; ils en ont vu jusqu'à satiété. Ainsi, adieu pour long-temps, sinon pour toujours, aux attentions, aux prévenances, aux caresses, aux exclamations de surprise et d'admiration, aux adorations qui animèrent de couleurs si vives les joues de l'Européen qui, le premier, pénétra dans ces contrées; adieu à toutes ces délicieuses sensations, que relevait encore le sentiment intime d'une immense supériorité. Quel malheur! ici un Européen n'est déjà plus, et ne sera désormais qu'un homme! et descendu à cette humiliante condition, il lui faudra renoncer au succulent chevreau, au gras mouton, et familiariser son palais à la délicate saveur des lézards, des rats, des sauterelles, des chenilles et autres friandises que les naturels font rôtir, griller, bouillir, et qu'il arrosera, si bon lui semble, de quelques gouttes d'une eau blanchâtre, seul breuvage dont il pourra user à discrétion.

Ce matin un message du roi m'a invité à me rendre à son palais. J'y ai trouvé réunie une grande foule de gens. Ebo m'expliqua pourquoi ma présence était nécessaire : on voulait me faire voir que la totalité de ce que j'avais donné à l'eunuque avait été montrée au peuple, sans réserve aucune. En conséquence, on étala le tout sur le plancher, aussi bien que le présent fait au roi, et jusqu'à un morceau de savon brun que nous venions de donner à Ebo. La jalousie des eunuques, et la crainte que l'un ne recoive plus que l'autre, sont si fortes, que, tout puissant qu'il est, Ebo avait à en redouter les effets pour sa sûreté personnelle, s'il eût été prouvé qu'il cachait la moindre chose. Tous s'efforcent à l'envie de désarmer la censure par une apparence de franchise et de sincérité.

Jeudi, 20 mai. — Hier soir, à notre grande

surprise et à notre plus grande satisfaction, Ebo entra chez nous à la hâte, avec l'agréable nouvelle que le roi consentait à nous laisser partir vendredi matin, et désirait que nous fissions de suite nos préparatifs. Nous nous étions crus si sûrs de ne pouvoir bouger d'un mois, au moins, que, le lendemain de notre arrivée, nous avions semé du cresson et des ognons, qui déjà sortent de terre : nous nous étions même résignés à rester pendant la saison des pluies. Maintenant, nous espérons arriver à Yaourie, dans douze ou quatorze jours; notre projet est d'y séjourner quelque temps, avant de pénétrer plus avant dans l'intérieur du pays. La seule chose qui trouble notre joie, c'est le piteux état de nos chevaux; tous sont malades, et cette circonstance peut sérieusement entraver notre marche.

On regarde comme si dangereuse l'ancienne route de Kiama qu'il est question de nous faire rétrograder jusqu'à Atoupa, située à deux grandes journées d'ici, afin d'y prendre un chemin plus sûr. Quoique nous n'ayons demandé que cinq hommes, outre les nôtres, pour porter nos bagages, le roi hésite à nous les fournir, et le plus jeune de ceux qui nous ont escortés depuis Jenna a été désigné pour faire partie des cinq hommes accordés. On prétend que le grand nombre d'émigrans qui ont été s'établir à Raka et à Alorie sont cause de cette disette de porteurs, mais dans une ville aussi grande, où les deux tiers de la population sont esclaves, une pareille excuse semble dérisoire, et nous soupçonnons que l'obstacle vient encore du péché originel, la modicité de notre présent. Au surplus, le roi a promis de prendre congé de nous demain matin: et grâce à Dieu! nos santés sont si bien rétablies que nous espérons atteindre bientôt le but de notre entreprise, et retourner sains et saufs dans la vieille Angleterre.

Vendredi, 21 *mai*. — Au lieu de la gracieuse visite du roi, pompeusement annoncée hier, on nous a signifié ce matin que nous eussions à nous rendre chez sa majesté. En conséquence, après avoir sellé nos chevaux, fermé tous nos paquets, entre six et sept heures du matin, nous nous sommes acheminés en corps vers l'habitation royale. A notre arrivée, on nous introduisit, sans cérémonie, dans une cour particulière, où le roi nous attendait patiemment. Il était vêtu à la manière du pays, avec une tobé, des pantalons, des sandales, et un bonnet qui ressemblait beaucoup à celui que portaient les matrones du temps d'Elisabeth, et que l'on voit encore dans quelques parties reculées de l'Angleterre. A sa droite les eunuques reposaient sur la terre leur hideuse corpulence; quelques vieillards, ou anciens du peuple, se tenaient auprès d'eux; à sa gauche ses jeunes femmes formaient un cercle, et derrière elles étaient assises les veuves de plusieurs de ses prédécesseurs; il y en avait qui paraissaient très-avancées en âge. Un joueur de fifre était le seul musicien présent, et de temps à autre il égayait cette longue entrevue de quelques sons aigus et perçans. De grandes et sérieuses discussions s'engagèrent, et il y eut beaucoup de chuchotemens entre le monarque et ses femmes. Deux ou trois fois les interlocuteurs quittèrent la place, et se retirèrent à l'écart pour conférer en particulier; les eunuques les suivirent les mains croisées sur la poitrine. Enfin Mansolah parvint à rassembler deux mille cauris (environ quatre francs), et les offrit aux quatre hommes qui nous avaient accompagnés en qualité de messagers et de guides, depuis Badagry et Jenna. C'était pour leur donner les moyens d'acheter des vivres en retournant dans leur pays. Cette contribution avait été levée sur les femmes du roi, parce que leur seigneur et maître n'était pas dans un accès de générosité. Pauvres malheureuses! à peine jouissent-elles de l'ombre de la royauté, la réalité et ses avantages sont hors de question. Les formes extérieures de respect qu'elles ont droit d'exiger des hommes, sont les seules marques de distinction qui les séparent de la foule. Elles sont obligées de travailler afin de pourvoir aux frais de leur nourriture et de leur habillement; et encore une partie de leur gain entre dans l'épargne du roi, et s'emploie à ses dépenses. Elles sont contraintes de faire de longs et pénibles voyages pour trafiquer dans les parties les plus reculées de l'empire. Cependant, elles ont le privilége de voyager de ville en ville sans payer de taxe, et peuvent disposer de la maison du gouverneur dans tous les lieux où elles séjournent. L'activité, si vantée des reines et des princesses des temps classiques, n'est rien, comparée à la vie pénible et laborieuse que mène toute la branche féminine de la famille royale du Yarriba!

A la fin, Mansolah nous fit signe d'approcher; car nous étions assis à quelque distance sur des branchages réunis en fagots, et le sourire le plus bienveillant animant sa face, laide et ridée, il plaça lentement et solennellement une noix de goura dans la main droite de chacun de nous; puis nous demanda nos noms. Richard et John, fut notre réponse. « Richard-i et John-i, » dit le roi (car il lui fut impossible de prononcer ces mots sans les terminer par une voyelle), « vous pouvez maintenant retourner vous asseoir. » Nous lui obéîmes, et après être restés dans la même posture, jusqu'à ce que nous fussions tout-à-fait las, nous priâmes Ebo de demander pour nous, au roi, la permission d'aller déjeûner, ce qui fut accordé sans difficulté. Serrant de nouveau bien cordialement la main du vieillard, nous lui souhaitâmes un long et heureux règne, prîmes congé de lui pour la dernière fois, et, ayant salué ses femmes, nous retournâmes en toute hâte vers notre hutte.

CHAPITRE V.

Départ de Katunga. — Difficultés avec les porteurs. — Musiciens d'Atoupa. — La ville de Kishi. — Curiosité des naturels. — La ville fellane d'Acba. — Caractère de ses habitans. — Le gouverneur de Kishi et sa femme. — Leur superstition. — Départ de Kishi. — Voleurs. — Passage de la rivière Moussa. — Changement dans la nature du pays. — Escorte fournie par le roi de Kiama. — Arrivée dans cette ville.

Un temps considérable s'écoula avant que les porteurs fussent prêts à se charger des fardeaux; le volume, le poids, tout excitait leurs murmures. Cependant, nous quittâmes enfin la ville, et reprîmes le chemin d'Itcho, par lequel nous étions venus. Un de nos chevaux, faible et malade, fut bientôt hors d'état de porter son cavalier, et il nous fallut le chasser devant nous, avec beaucoup de peine et de fatigue. La traite depuis Katunga est longue et le sentier raboteux; et comme nous avions gagné de l'avance sur le reste de l'escorte nous fîmes halte à Itcholi, jusqu'à ce que tout le monde eût rejoint. nous laissâmes paître nos chevaux, et après avoir pris quelques rafraîchissemens et de la bierre, nous nous reposâmes sur le gazon, car il avait fait une chaleur accablante, et nos forces étaient épuisées.

Samedi, 22 *mai*. — Les porteurs de Katunga se sont plaints ce matin de douleurs dans les membres, et en arrivant à Léoguadda, qui est à mi-chemin d'Itcho et d'Atoupa, ils ont déposé leurs charges à terre; et tous cinq, sans exception, ont déclaré résolument qu'ils ne les reprendraient pas avant le lendemain matin. Nos hommes, qui étaient encore plus chargés qu'eux, avaient tellement souffert de la longue et pénible route de la veille, et particulièrement Jaoudie, le plus fort et le plus robuste de tous, que nous avions grand peur de les voir tomber sérieusement malades. En conséquence, pour alléger leur part, nous avions réparti une portion de leurs fardeaux dans les malles et paquets de leurs compagnons, sans toutefois prévenir ces derniers, qui trouvaient déjà leur tâche trop forte. Il y avait parmi eux un tout petit homme appelé *Gazhérie* (petit), à cause de l'exiguité de sa taille. Néanmoins il était plein de nerf, et doué d'une force extraordinaire et de beaucoup d'activité et de vigueur ; il portait notre tente, qui, bien que très-lourde, était de tous nos fardeaux le plus léger. Convaincus que dans la circonstance il fallait avoir égard à la force réelle, plutôt qu'à la taille et au volume des individus, je fis retirer du paquet de Jaoudie un sac de balles du poids de 28 livres, et l'ajoutai clandestinement au fardeau du petit homme ; il n'en trotta pas moins gaîment, sans soupçonner la supercherie; mais, à peu de distance de Léoguadda, se figurant que la tente pesait plus d'un côté que de l'autre, il eut l'idée de la retirer de dessus sa tête, et découvrit à l'instant la fraude, car le sac, ayant été simplement placé sous l'enveloppe, pouvait se voir sans détacher les cordes. Il entra en fureur, appela ses compagnons pour les rendre témoins du fait, et déclara que décidément il ne ferait pas un pas au-delà de Léoguadda. Il persuada à ses compagnons d'imiter son exemple, et une espèce de complot fut tramé contre nous à l'instant même.

Selon notre coutume, nous nous arrêtâmes à l'entrée du village, sous un arbre touffu ; nous fûmes aussitôt entourés par les porteurs, ayant le petit homme à leur tête. Ils nous abordèrent avec de grands témoignages de colère, et nous signifièrent qu'ils n'iraient pas plus loin, et que, quelles qu'en pussent être les conséquences, ils étaient décidés à passer la nuit dans la ville. Léoguadda ne pouvait nous offrir de ressources d'aucun genre. Le ciel était menaçant, et une tempête semblait se préparer : enfin le roi de Katunga nous avait conseillé d'aller coucher à Atoupa. Nous résolûmes donc de poursuivre à tout prix ; et usant d'abord de moyens persuasifs, nous cherchâmes à convaincre les porteurs par la douceur et le raisonnement. Enfin, las de ne rien obtenir, nous eûmes recours à leur propre manière de procéder ; et, gesticulant d'un air furieux, criant, vociférant, et ne leur épargnant ni injures ni menaces, nous parvînmes à les intimider, si bien qu'ils reprirent leurs fardeaux sans dire mot, et coururent en avant de toute la vitesse de leurs jambes, et de la meilleure humeur du monde. Ces porteurs doivent nous accompagner jusqu'à la dernière ville frontière du Yarriba.

C'était jour de marché à Atoupa, et à plusieurs milles de distance on distinguait le bourdonnement des voix humaines. A peine étions-nous arrivés, qu'un personnage remarquable, chanteur et danseur à la fois, s'établit devant la porte de notre hutte pour nous donner un échantillon de son savoir-faire. Il mit tant de feu et d'agilité dans l'exercice de ses talens, que ce spectacle nous amusa beaucoup. Deux tambourins composaient son orchestre, et ces instrumens avaient quelque chose d'assez harmonieux. Des hommes, également de sa suite, marquaient la mesure en frappant dans leurs mains. La danse, excellente en son genre, ressemblait à la danse d'Europe plus que tout ce que nous avions vu dans le pays. Le chant n'était pas sans mérite; les voix des chanteurs étaient claires et agréables. Ils répétaient des espèces de refrains, et accompagnaient leur maître, de manière à former un chœur, dont l'exécution était vraiment admirable.

Une *Fatakie* de marchands (réunion moins nombreuse qu'une *gaflie*) avait quitté hier Atoupa, se dirigeant vers Kiama; il est probable que nous les rejoindrons à la ville voisine.

Nous avons oublié de noter dans notre journal d'hier, qu'à notre grand étonnement, nous avons rencontré, assise au bord de la route, une femme entre deux âges, dont toute la peau était naturellement d'un rouge aussi vif qu'un morceau de drap écarlate. On nous dit qu'elle n'était point malade, mais au contraire très-bien portante; nous étions trop pressés pour lui faire une seule question ou pour l'examiner de plus près. A la vérité, notre guide semblait fort peu disposé à s'approcher d'elle de moins de cent toises : c'était un être d'une apparence fort étrange.

Dimanche, 23 *mai*. — Ce matin, quoique nos chevaux fussent en bien mauvais état, tristes, et portant la tête basse, nous partîmes d'Atoupa en assez bonne disposition ; et, nous dirigeant vers l'Ouest, nous atteignîmes, au bout de deux heures, une jolie petite ville, enceinte de murailles, et appelée *Bumbum*. Là, nous mîmes pied à terre, et prenant pour table le tronc d'un arbre renversé, nous déjeûnâmes avec un peu de blé grillé et de l'eau. Bumbum est un lieu de passage très-fréquenté par les marchands du Haoussa, du Borgou, et d'autres pays qui trafiquent avec Gonja. On cultive dans le voisinage de grands champs de blé et d'ignames, afin de fournir des vivres aux voyageurs. En sortant de cette ville, nous changeâmes de direction, et marchâmes au Nord-Ouest jusqu'à la grande et importante cité de *Kishi*, sur les frontières du Yarriba, à douze milles seulement d'Atoupa. Elle est fortifiée par une double muraille en terre, et admirablement située pour résister aux attaques et aux surprises de l'ennemi. Avant d'y arriver, et à un mille de distance, nous avons traversé un beau, grand et florissant village fellan, appelé *Acba*. Comme la plupart des autres lieux occupés par des colonies de cette nation, il était abondamment fourni de moutons et de bétail.

Le gouverneur de Kishi est mort il y a dix jours; son successeur, homme de bonne mine, mais qui n'est plus jeune, nous a fort bien accueillis, et nous a envoyé sans retard un jeune bœuf très-beau, une grande quantité d'ignames, et environ un gallon d'excellente bière forte. Au milieu de la ville se trouve une haute colline, semée de rochers, et presque toute couverte d'arbres rabougris. C'est le refuge des habitans en cas d'invasion : dès qu'ils sont arrivés au sommet, la colline, disent-ils, est transportée par un pouvoir surnaturel au-delà des nuages, et y demeure jusqu'à ce que le danger soit passé. Quelques années se sont écoulées depuis que le miracle a eu lieu; cependant on vous raconte cette histoire avec une entière conviction de son authenticité et avec le sérieux le plus amusant. A un quart de mille au Nord-Est de la colline merveilleuse, il y en a une autre qui lui ressemble beaucoup de forme et d'apparence; mais la première est plus grande, plus élevée, et domine le pays à plusieurs milles alentour.

Un nombre considérable d'émigrans de diverses contrées habitent cette ville. Il s'en trouve beaucoup du Borgou, du Nyffé, du Haoussa et du Bornou, et deux ou trois Touariks, venus des confins du grand désert. A l'Ouest, hors des murs, s'élève une hauteur pittorésque, dont la pente est douce, et sur laquelle sont bâtis plusieurs petits hameaux de l'aspect le plus gracieux et le plus champêtre. Nulle part, dans aucun des pays que nous avons traversés jusqu'à présent, je n'ai vu autant de grands et beaux hommes, autant de femmes de belle apparence que dans cette ville. Cependant on y rencontre aussi bon nombre d'individus des deux sexes, affligés de la perte d'un œil, ou d'affreux goîtres aussi gros que des noix de coco. Aujourd'hui nous avons vu, pour la première fois, un estropié, et une naine qui n'a pas plus de trente pouces, et qui paraît âgée de trente-cinq à quarante ans. La tête est évidemment en disproportion avec le corps; sa voix et ses traits sont durs, masculins, et extrêmement désagréables. Il serait ridicule d'avoir peur d'un être aussi chétif; mais il y a, dans ce petit monstre, quelque chose de si repoussant, de si peu féminin et de si hideux, qu'en le voyant approcher de notre hutte, j'éprouvai une sensation extraordinairement pénible. La description des horribles nains noirs des *Mille et une Nuits*, ou de nos romans modernes, donne une idée de la forme et des traits de ce singulier petit être.

Il se tient aujourd'hui un marché dans la ville, et il me prit fantaisie d'y faire un tour ce soir, mais la foule qui s'est rassemblée autour de moi, m'a forcé de revenir au logis plus tôt que je ne me l'étais proposé. S'il m'arrivait de rester en place un moment, des milliers de curieux se pressaient pour me voir; et lorsque j'essayais de faire un pas en avant, ils se culbutaient les uns sur les autres pour ne pas se trouver sur mon passage, renversant les échoppes, les calebasses, et jusqu'aux marchands, dont les marchandises gisaient à terre, éparpillées de tous côtés, par ce tumulte général. Les forgerons, les ouvriers en fer, me saluaient en choquant leurs outils les uns contre les autres; les tambours en frappant violemment du pouce, un des bouts de leurs instrumens. Quelques enfans et quelques femmes s'enfuirent épouvantés; mais le plus grand nombre, moins timides, s'approchaient autant que possible, pour jeter un coup-d'œil sur le premier homme blanc qu'ils eussent encore vu. Les femmes semblaient prendre un intérêt extrême à mon apparition ; me riaient, me complimentaient et se détournaient pour rire de nouveau. A mon retour, ce fut encore pis, la foule s'était accrue, et, comme un torrent, renversait tout devant elle. Chiens, chèvres, moutons, volailles étaient poussés, portés, pêle-mêle, contre leur gré, à leur grand effroi et vexation. De sorte qu'on n'entendait que cris et bruits lamentables; pleurs des enfans, aboiemens des chiens, bêlemens piteux des chèvres et des moutons, caquetage des poules, qui, dans leur frayeur, battaient des aîles, et voltigeaient éperdues au milieu du brouhaha. Pour ma part, je fus trop heureux de trouver un asile dans notre cour, où la multitude n'osa me suivre.

Les veuves du défunt chef de Kishi consacrent tous les jours quelques heures à déplorer leur délaissement, et à adresser des prières à leurs dieux. Elles ont commencé ce soir, sur ce ton triste et lugubre, qu'il est d'usage de prendre ici en pareille circonstance. L'interprète à qui nous avons demandé pourquoi ces femmes pleuraient si amèrement, a répondu sans hésiter : « Qu'importe ! elles riront tout-à-l'heure. » D'où je conclus que leurs lamentations sont affaire d'habitude, plutôt que de sentiment, et qu'elles peuvent, quand il leur plaît, rire et pleurer tout à la fois. Vers sept heures du soir, un crieur public a proclamé à haute voix, que tout individu qui serait trouvé errant dans les rues, pendant la nuit, serait saisi et mis à mort. Depuis peu plusieurs maisons ont été incendiées par des malveillans, et il est probable que ces désastres ont donné lieu à cette mesure de précaution.

Lundi, 24 *mai*. — Force nous a été de séjourner ici aujourd'hui, le gouverneur n'ayant pu réussir à nous procurer des porteurs pour nos bagages. Il nous a fallu subir une nuée d'insupportables visiteurs; l'embarras était de les éconduire sans les choquer. Il y en avait entre autres une bande si désagréable, et qui nous incommodait si sérieusement, que nous imaginâmes de les enfumer en allumant du feu à la porte de notre hutte, devant laquelle ils étaient assis. Cet expédient réussit à merveille.

Une compagnie de femmes et de jeunes filles fellanes, du village d'Acba, poussées par la curiosité naturelle à leur sexe, sont venues nous voir dans l'après-midi; mais leur visite, loin de nous être désagréable, a été un dédommagement, et nous a causé un vrai plaisir. Ces femmes sont si modestes, si réservées, toute leur conduite annonce tant de délicatesse, qu'elles excitèrent en nous un profond sentiment de respect. Leurs charmes personnels ne sont pas moins attrayans. Elles ont de beaux yeux, noirs comme du jais, brillans comme le diamant, de longs cils, aussi luisans que les plumes du corbeau; des traits réguliers, quoiqu'avec le teint cuivré; leurs formes sont élégantes, leurs mains petites et potelées; l'extrême propreté de toute leur personne et de leurs vêtemens, faisait encore ressortir la négligence et la saleté des femmes de Kishi.

Les Fellans qui habitent maintenant Acba, sont tous nés dans cette ville, et y ont été élevés. L'époque où leurs ancêtres vinrent s'y établir est si reculée, que nos questions n'ont pu nous procurer de lumières sur ce point. Il semble même qu'il n'existe là-dessus aucune tradition. « Enfans du sol, » menant une vie douce, tranquille, innocente, que des événemens passagers ne viennent jamais troubler, ils n'ont point l'ambition de se réunir à leurs compatriotes, plus remuans et plus entreprenans, qui se sont emparés d'Alorie et de Raka, et ne cherchent pas même à se mêler des affaires publiques ou particulières de leurs proches voisins de Kishi. Formant un peuple distinct et à part de tous les autres, ils ont conservé le langage de leurs pères, la simplicité de leurs mœurs; et leur existence s'écoule sereine, heureuse, embellie par la jouissance de ces plaisirs domestiques, et de cette bienveillance réciproque, qui font le charme des sociétés les mieux civilisées, et dont leurs compatriotes vagabonds n'ont pas même l'idée.

Le gouverneur de Kishi est un naturel du Borgou; il se vante d'être l'ami intime d'Yarro, chef de Kiama; mais comme le bon vieillard nous a fait de merveilleux récits du nombre de villes soumises à son sceptre, de son pouvoir étonnant, de sa grande influence, de la docilité du peuple qu'il régit, et de la supériorité de ses mesures gouvernementales, toutes choses que nous avons écoutées avec une rare patience, nous sommes portés à croire que ses prétentions n'ont pas plus de fondement que de probabilité. Quant à sa manière de gouverner, il a voulu nous en donner un échantillon, en criant, de toute la force de ses poumons, à une troupe de marmots, qui nous avaient suivis dans la cour, d'aller à leurs affaires. Une ridicule vanité est le trait distinctif des habitans de ce pays. Dans la plupart des villes que nous avons visitées, le premier et le principal soin des chefs était d'imprimer dans nos esprits une grande idée de leur importance. Mais, leurs tobés déguenillés, leur sale et triste apparence, démentaient assez leurs discours. A les en croire, leurs richesses étaient abondantes, leur pouvoir sans bornes. Ils sacrifient sans pudeur la vérité, qu'ils respectent presqu'en toute autre circonstance, à cette vaine gloire, qui n'aboutit qu'à les rendre souverainement ridicules, par les absurdités qu'elle leur fait débiter. Il est vrai, qu'ayant affaire à des blancs, à des étrangers, ils croyaient sans doute plus difficile de nous éblouir, et n'épargnaient ni mensonges, ni exagérations pour exciter notre admiration, et nous arracher des éloges et des applaudissemens. Après une multitude de discours oiseux, dont il serait difficile de se souvenir, le gouverneur nous supplia de lui accorder un peu de rhum, et quelques médicamens pour guérir son pied, sujet à s'enfler et à lui causer de vives douleurs. Il nous demanda aussi de réparer un fusil en mauvais état, dont la crosse était brûlée. Ensuite il nous chanta une chanson, à la louange des éléphans et de leurs dents; son porteur de canne l'accompagnait et faisait le second dessus, puis il prit congé de nous. Plusieurs habitans nous ont fait cadeau de noix de goura, de sel, de miel, de beurre végétal, etc. Samedi était jour de nouvelle lune : la pluie qui tombe depuis cette époque nous fait présumer que nous aurons une longue continuité de temps humide.

Mardi, 25 *mai*. — Hier soir, quelques mallams et autres personnages, qui désirent nous accompagner à Kiama, où ils se rendent pour affaires de commerce, et qui n'étaient pas disposés à partir aujourd'hui, ont facilement obtenu du faible gouverneur de différer jusqu'à demain à nous procurer des porteurs. Ils nous faut donc attendre leur bon plaisir et leur commodité. Trompé dans mes espérances, et ayant fermé les paquets et mis en ordre les bagages, je cherchai une distraction, en gravissant de grand matin jusqu'au sommet de la haute colline escarpée, située au milieu de la ville. Chemin faisant je débusquai un chat tigre de sa retraite dans les rochers; mais je fus récompensé de mes peines, par la vaste et belle perspective que l'on découvre du haut de cette montagne, composée de blocs de marbre blanc. A mes pieds s'étendait la ville, avec ses doubles murailles, percées d'ouvertures, ménagées pour tirer de l'arc, et se défendre contre les assaillans; et dans la campagne les yeux se reposaient de tous côtés sur de petits villages, d'un aspect frais et champêtre.

Le gouverneur de Kishi, vieux et infirme,

n'a plus beaucoup d'années à vivre. Hier je lui donnai une lotion pour soulager son pied enflé, ce qui jeta un ou deux de ses serviteurs dans des transports de joie difficiles à décrire. Leurs regards expressifs, leurs gestes animés témoignaient tant de reconnaissance que nous en fîmes la remarque, comme d'une chose extraordinaire, et fort rare ici. Malheureusement nous avons eu aujourd'hui le mot de l'énigme. Un jeune homme, de ceux qui nous avaient si fort touchés, est entré ce matin dans notre case, mais il avait l'air si malheureux, parlait d'un ton si bas et si mélancolique, qu'à peine était-il reconnaissable. Nous nous empressâmes de lui demander s'il lui était arrivé malheur. Il nous expliqua que lui, et deux de ses compagnons seraient condamnés à mourir, aussitôt que le chef aurait cessé de vivre; et comme le vieillard a déjà un pied dans la fosse, le chagrin du pauvre garçon n'avait rien d'étonnant. Quand hier je donnai une lotion à leur maître, ce jeune homme et ses camarades s'étaient figurés qu'elle ne pouvait manquer de prolonger son existence, et par conséquent la leur; et c'était là l'origine du sentimental élan qui avait attiré notre attention. On s'imagine ici que rien ne nous est impossible, et surtout que nous connaissons et pouvons guérir tous les maux et toutes les maladies auxquelles l'humanité est sujette.

Aujourd'hui le gouverneur nous a suppliés de lui accorder un charme pour préserver sa maison du feu, et le faire devenir riche. En même temps, une de ses vieilles femmes est venue nous conter, d'un ton lamentable, que depuis trente ans elle était toujours sur le point de devenir mère, nous demandant avec de vives instances de hâter et de faciliter son accouchement. Nous n'eûmes pas de peine à contenter le vieux gouverneur, mais la requête de la femme hypocondriaque nous parut trop délicate pour des mains aussi peu exercées que les nôtres à la pratique médicale. Pauvre femme ! elle est réellement fort à plaindre, car l'étrange illusion qui la tourmente depuis si long-temps, la fait souffrir au point de lui rendre la vie à charge. Nous fîmes de notre mieux pour calmer son imagination, en lui disant que rien n'était plus ordinaire que sa maladie, qu'elle n'était point dangereuse, lui promettant que, si rien n'était changé à son état lors de notre retour, nous tâcherions de faire disparaître la cause de son mal. Cette espérance ranima le courage de la pauvre matrone, et dans l'effusion de son cœur, elle pleura de joie, se jeta à genoux pour exprimer ses remercîmens, et nous pressa d'accepter une couple de noix de goura.

Nos séduisantes amies, les jeunes filles fellanes, sont encore venues ce matin nous apporter des bols de lait et du *foura ;* quelques hommes de leur nation nous ont visités aussi ce soir, et sont restés avec nous un temps considérable. Ils ont, de même que les femmes, des manières réservées et respectueuses. Il paraît que les Fellans qui habitent Acba, quoique très-nombreux, ne forment qu'une seule famille ; ils disent que leur premier ancêtre se sépara de ses amis, de ses proches, de ses connaissances, et s'exilant de sa terre natale, vint s'établir dans le Yarriba avec ses femmes, ses enfans et ses troupeaux. Ses descendans se sont toujours mariés entr'eux, et sont fiancés les uns aux autres dès l'enfance. Le peu que j'ai vu des Fellans, ici et ailleurs, m'a convaincu qu'en toutes choses ils sont beaucoup supérieurs aux indolens et insociables propriétaires du sol. Leur physionomie annonce plus d'intelligence ; leurs manières, moins de rudesse et de barbarie. Adonnés à la pratique des vertus domestiques, les Fellans sont aimans, caressans ; leurs relations de famille ont quelque chose de touchant et de chaste.

Mercredi, 26 *mai*. — Nous étions sur pied avant le lever du soleil : tous nos préparatifs de départ étant faits à l'avance, nous déjeûnâmes en hâte, pour aller ensuite présenter nos respects au gouverneur et le remercier de son accueil hospitalier. Au retour, nous fûmes agréablement surpris de revoir nos belles amies, les Fellanes, qui, le genou en terre, nous offraient leur salutation matinale. Décidées à jouir d'un dernier entretien avec les étrangers blancs, elles étaient venues nous apporter deux calebasses de lait frais. Cette petite attention, jointe à toutes celles que nous ont prodiguées ces belles filles aux yeux noirs, leur a d'autant mieux gagné notre estime, que nous avons reconnu qu'il y avait désintéressement complet. Le peu d'instans que nous avons eu le bonheur de passer avec elles et avec leurs compatriotes, ont fait compensation pour toutes les heures d'abattement et de tristesse que nous causent le souvenir de la patrie et l'absence de nos amis les plus chers. Ce ne fut donc pas sans un sentiment de chagrin que nous leur dîmes adieu. Quant à moi, lorsqu'elles me bénirent au nom d'Allah, et de leur prophète, et qu'elles appelèrent sur ma tête la protection divine, mon cœur s'émut douloureusement; et, en voyant ces jeunes filles innocentes et simples prier avec tant de ferveur pour le succès de notre aventureux voyage, je pensai avec amertume que je ne les reverrais plus dans cette vie.

Il y eut beaucoup moins de tendresse, et beaucoup plus de paroles et de bruit dans les adieux que nous firent les deux vieux messagers qui nous ont accompagnés de Badagry, et qui repartent demain pour leur pays avec nos guides de Jenna. Ils se sont aussi bien conduits que nous pouvions le désirer. De plus, ils ont été nos compagnons de fatigue pendant un long et pénible voyage; nous étions familiarisés avec leurs figures; bref, nous nous séparâmes d'eux à regret.

Sortis de Kishi, entre six et sept heures du matin, force nous fut d'attendre, jusqu'à neuf heures passées, sur le gazon, l'arrivée de nos porteurs et de notre bagage. Nous fûmes rejoints par une fatakie du Borgou; et les sons lourds et discordans de leur tambour, joué par un Yarribani borgne et déguenillé, nous assourdit pendant toute la marche. Une compagnie de marchands qui voyage a toujours à sa solde un tambour, qui marche à la tête de la caravane, et qui, sans s'inquiéter de la longueur de la route, frappe sans relâche sur son instrument, pour animer les esclaves et leur faire hâter le pas.

Nous traversions une grande forêt, déserte, infestée de voleurs, et où il n'existait pas une seule habitation. J'étais resté en arrière pour defendre nos bagages en cas de besoin, et mon frère, seul et sans armes, marchait devant la fatakie. Il avait un peu d'avance sur nous, quand tout-à-coup, une vingtaine de drôles, de très-mauvaise mine, armés de lances, d'arcs et de flèches, débusquèrent de derrière les arbres qui les cachaient, et nous barrèrent le sentier. Nos porteurs épouvantés se préparaient à jeter bas leurs fardeaux et à s'enfuir à toutes jambes; heureusement mon fusil était chargé; je couchai les brigands en joue, et la balle passa tout près de leur chef. Il n'en fallut pas davantage pour les intimider, et les décider à battre en retraite dans la forêt. Ces voleurs ne s'attendaient pas à rencontrer un blanc, et ils avaient espéré un butin facile; car, un habitant du Yarriba, lorsqu'il se croit menacé d'une attaque, jette sans hésiter tout ce qui peut retarder sa fuite, et ne fait jamais de résistance.

L'épuisement de nos chevaux, le manque d'eau, et plus que tout cela la chaleur étouffante dont tous souffraient plus ou moins, nous firent employer cinq heures trois-quarts à parcourir les quinze milles de cette redoutable forêt, à l'issue de laquelle se trouve la petite rivière de Moussa, qui sépare le royaume du Yarriba de celui du Borgou. Après avoir étanché notre soif, et nous être baignés, nous traversâmes la rivière, et fîmes halte pour le reste du jour dans un petit village, situé sur la rive septentrionale.

Lorsqu'une fatakie voyage dans un pays couvert, plusieurs des hommes de la suite portent au pouce et au doigt du milieu un large anneau de fer; au petit doigt est attaché une plaque de métal, qui leur sert à se faire des signaux, et à rappeler les voyageurs de la fatakie qui s'écartent, en faisant claquer les anneaux contre la plaque. Le son est sonore et parvient à des distances considérables. Ce mode de communication est très-significatif; la réponse ne se fait pas attendre, et le sifflet du contre-maître, à bord d'un vaisseau, n'est pas mieux obéi. Il ne nous a fallu que traverser un petit ruisseau, que l'on sauterait presque à pieds joints, pour nous trouver dans un pays tout différent du Yarriba. Autre nation, autre langage, autre religion; les moeurs, les usages, les divertissemens, les occupations n'ont plus rien de commun. Le village où nous faisons halte s'appelle Moussa ; la rivière lui donne son nom. Il est situé à seize milles environ au Nord de Kishi. Nous occupons une grande hutte circulaire, que l'on nomme ici *catambo*, *zowley*, dans la langue du Haoussa, et *couzie* dans le Bornou. Le tronc d'un grand arbre en occupe le centre, et soutient la toîture. Deux ouvertures, en face l'une de l'autre, servent de portes. Précisément au-dessus de chacune on voit sur la muraille deux morceaux de papier couverts de caractères arabes ; ce sont des charmes pour préserver l'édifice du feu. Il est onze heures du soir ; les gens de notre suite et plusieurs de leurs compagnons de route gisent épars dans la hutte sur des nattes et des peaux d'animaux. Des arcs, des flèches, des carquois ornés de queues de vaches, sont suspendus à la muraille, ou appuyés contre, le tout entremêlé de fusils, de pistolets, d'épées, de lances et d'autres armes. Ce spectacle a quelque chose d'étrange, de singulier, de pittoresque. Au-dehors la scène est encore plus bizarre. Malgré la pluie et le tonnerre, le reste de la fatakie, composée d'hommes, de femmes, d'enfans, repose sur la terre, par groupes, ou dort autour de grands feux allumés presque contre les murailles de la hutte ; d'autres ont été chercher un asile sous les branches des grands arbres du voisinage. Demi-nus, ils n'ont que leurs pagnes pour couverture; leurs armes sont à côté d'eux; leurs chevaux paissent alentour. La plupart de nos compagnons ont été se livrer au repos sans prendre de nourriture; ils dorment profondément, et semblent heureux, jouissant d'un tranquille sommeil, après les efforts et la fatigue de toute une journée de route. Un des nôtres est tombé d'épuisement sur le chemin, et maintenant il a la fièvre.

Jeudi, 27 *mai*. — Il y a une douceur suave dans l'air des montagnes, une fraîcheur balsamique dans l'haleine du matin, que nous savourions avec délices, en franchissant les collines qui bordent les rives de la jolie petite rivière de Moussa. A l'heure où les bêtes sauvages, lasses de leurs excursions nocturnes, cherchent la retraite et le repos dans les profondeurs solitaires de ces forêts primitives, alors que les oiseaux, perchés sur les branches des arbres, gazouillent leurs chansons matinales, on oublie bien vite les fatigues de ces longs jours, passés sous les rayons dévorans du soleil. Une plaine de verdure, une grotte retirée, un ruisseau qui s'échappe en murmurant, l'aspect sauvage et pittoresque d'un précipice escarpé, le silence imposant et l'obscurité d'une immense et sombre forêt, le balancement gracieux des arbrisseaux, qui se prêtent mollement aux brises; on ne jouit de toutes ces beautés, de tous ces charmes de la nature, qu'aux premières lueurs de l'aube, ou aux dernières rougeurs du soir.

Une heure de marche nous conduisit près de l'emplacement d'une ville, autrefois peuplée seulement de voleurs. Elle a été détruite de fond en comble, et ses habitans ont été tués ou dispersés, il y a quelques années, par ordre de l'énergique gouverneur de Kiama. Depuis lors la route est moins redoutée des voyageurs. Nous suivions le sentier, à travers un pays riche, couvert de plantes vigoureuses, de beaux arbres, mais sans taillis. Les daims, les antilopes s'y trouvent en grand nombre, ainsi que d'autres animaux sauvages d'une nature plus féroce, tels que lions, léopards, éléphans, zèbres, etc.; le mugissement solitaire d'un buffle vint frapper nos oreilles, en traversant la forêt, où nous ne pûmes apercevoir un seul animal.

A onze heures nous fîmes notre entrée dans un très-petit village de l'aspect le plus propre où nous fîmes halte pour le reste du jour. Malheureusement le gouverneur étant avec tout son monde à l'ouvrage dans des champs un peu éloignés, nous ne pûmes avoir de vivres qu'assez tard dans la soirée. Ces pauvres villageois sont forcés de fournir gratis des provisions aux soldats du souverain, quand une circonstance quelconque les mène aussi loin de la capitale; dans la vue de se soustraire à la rapacité de ces hommes de guerre, les habitans ont construit un autre hameau au fond des bois, loin du sentier battu, et ils y cachent leurs bestiaux, leur blé, tout ce dont ils n'ont pas immédiatement besoin.

En arrivant on nous a introduits dans une petite hutte de gazon que la fumée a revêtue du vernis noir le plus brillant que nous ayons jamais vu; l'intérieur du toit est curieusement décoré de larges festons de toiles d'araignées et de poussière qui s'y sont accumulés depuis nombre d'années; son fétiche est une sauterelle desséchée, conservée dans une petite calebasse; mais, comme si ce charme ne suffisait pas pour la protéger contre tous les dangers auxquels sont constamment exposées les huttes de ce pays, d'autres charmes, mêlés de sang et de plumes, sont fixés aux parois intérieures. Au coucher du soleil, comme nous n'avions encore aucune provision, j'allai au bois avec mon fusil, et je fus assez heureux pour abattre quelques colombes; Paskoé, qui se dirigeait d'un autre côté, rapporta une pintade, ce qui nous fit un excellent souper. La faim avait fait retourner à Kishi les porteurs qui devaient nous accompagner jusqu'à Kiama; nous avons donc été obligés d'envoyer un messager au roi Yarro pour demander des remplaçans aux déserteurs. Enfin, à une heure avancée, le gouverneur du village, revenu de ses champs, nous envoya du blé et du miel.

Vendredi, 28 *mai*.—Dans la soirée, le tintement harmonieux de petites clochettes nous annonça l'approche d'un corps de cavaliers, et en moins d'une minute ils se dirigèrent au grand galop vers notre hutte; ils nous saluèrent tous l'un après l'autre d'un air martial, en brandissant leurs piques à un pied ou deux de notre figure, ce qui ne nous parut nullement réjouissant. Pour montrer leur savoir-faire en équitation, ils firent câbrer, ruer leurs chevaux, et quand ils crurent nous avoir bien convaincus de leur habileté, ils mirent pied à terre, se prosternèrent devant nous, et nous offrirent les complimens de leur prince. Les porteurs qui nous venaient de Kiama les avaient précédés sur la route, et tous ensemble s'assirent pour prendre quelques rafraîchissemens.

Il était midi juste quand nous partîmes; la journée étant déjà si avancée, nous voulions faire toute la diligence possible; mais l'air était brûlant, nos chevaux avaient à peine la force de porter leurs cavaliers, en sorte que nous fûmes obligés de marcher très-lentement. A cinq heures après midi nous étions au milieu des ruines d'une petite ville. Le sentier traversait toujours la même forêt, mais dans cette partie les bois étaient moins épais. Nous remarquâmes dans un endroit deux arbres immenses croissant tout près l'un de l'autre; leurs troncs et leurs branches puissantes étaient enlacées; ils se serraient l'un l'autre, comme d'énormes géans s'embrassant étroitement, et offraient un aspect tout à fait neuf et singulier. La route est semée d'innombrables fourmilières, et à quelques pas, de chaque côté du sentier, s'élèvent de petites constructions en terre de forme coniques; elles servent aux naturels à fondre le minerai, très-abondant dans différentes parties du pays.

Au coucher du soleil nous atteignîmes le village appellé *Benikenny*, ce qui signifie dans le langage de ce peuple «l'homme rusé»; trois femmes nous y attendaient avec du blé et du lait que nous envoyait le roi de Kiama; cette attention nous fut d'autant plus agréable qu'il y avait treize heures que nous n'avions pris de nourriture.

Nous fîmes une petite halte à Benikenny, et nous nous proposions même d'y passer la nuit, car l'après-midi avait été excessivement chaude, et nous étions tous très-fatigués; mais notre escorte, n'ayant pas envie de s'arrêter, nous engagea à gagner un autre village; qui, disait-elle, n'était pas à une grande distance. Nous laissâmes donc Benikenny. Nous marchions, nous marchions encore sans découvrir de village; enfin nos cavaliers avouèrent qu'ils nous avaient trompés afin de nous faire arriver à Kiama avant la nuit. Le soleil se couchait au moment de notre départ du lieu de la halte, mais la lune et les étoiles nous donnaient une lumière plus douce et plus agréable; nous avancions à travers la forêt encore plus lentement qu'auparavant. En dépit de notre fatigue, nous ne pouvions nous empêcher d'admirer la sérénité et la beauté de la soirée, et nous respirions avec délices les doux parfums que les arbres et les arbustes répandaient dans l'air embaumé. Une chose vraiment divertissante c'était l'aspect de notre escorte; habillés à la manière orientale, les cavaliers se frayaient un chemin à droite et à gauche entre les arbres; quelquefois ils demeuraient en arrière; puis, tout-à-coup, lançant leurs chevaux, ils nous dépassaient avec une étonnante vitesse, aussi sauvages d'aspect que le site à travers lequel bondissaient leurs coursiers. Leurs lances polies, et les plaques d'argent qui ornaient leurs coiffures renvoyaient les rayons de la lune; et des mouches luisantes remplissaient l'air de parcelles de feu.

Le cheval que montait mon frère, épuisé de fatigue et de faiblesse, n'avait pu le porter plus loin que Benikenny, en sorte qu'il fut obligé de faire à pied les six milles qui restaient pour arriver à Kiama. Vers huit heures cette capitale s'éleva devant nous; peu après nous étions dans la ville, et nous allâmes droit à l'habitation du roi. Il vint nous recevoir sans se faire beaucoup attendre, et nous accueillit avec des témoignages de satisfaction et de bienveillance. C'est un vieillard; il a perdu presque toutes ses dents; sa barbe est blanche comme une toison; nous n'avons rien vu de remarquable dans son accoutrement ni dans sa personne : son premier soin fut de s'informer de la santé de notre souverain, et ensuite de la nôtre. Il parut extrêmement sensible au plaisir de me revoir. Nous prîmes congé, et un de ses esclaves nous accompagna jusqu'à notre case, ou plutôt à un assemblage de huttes, contiguës à sa propre demeure : elles ne nous convenaient guère, car plusieurs n'avaient qu'une seule ouverture à peine de trois pieds carrés ; en sorte que nous ne pouvions y entrer qu'en rampant sur nos mains et nos genoux, en outre elles étaient si chaudes et si peu aérées qu'on y respirait à peine ; nous avons préféré une hutte plus fraîche et plus ouverte, quoiqu'elle eût l'inconvénient de servir de passage. A peine y étions-nous établis qu'une demi-douzaine des femmes du roi entrèrent, avec d'énormes calebasses de petit-lait, des gâteaux de maïs et du bœuf bouilli dans du riz ; c'est la première fois que nous voyons ce grain. On mit ensuite à notre disposition des nattes de différentes couleurs, d'un travail admirable, et les ayant étendues à terre, nous nous couchâmes le cœur content, et avec une douce sensation de bien-être.

CHAPITRE VI.

Kiama. — Visite au roi. — Figures de bois. — Hutte de Yarro. — Objection que fait le roi au désir des voyageurs de se rendre à Boussa par l'ancienne route. — Exemple d'amitié. — Prêtres mahométans. — Leur hypocrisie. — Tradition des Fellans. — Cérémonie du Bebun-Salah. — Célébration de la fête. — Course de chevaux. — Les fils du roi. — Le lézard venimeux. — Superstitions des naturels. — Comparaison entre les habitans du Borgou et ceux du Yarriba. — Traits de caractère. — Fellans. — Lois qui ont rapport à eux.

Samedi, 29 mai. — Harassés du voyage d'hier, nous nous étions couchés plus tôt que de coutume, et avant notre lever, les messagers du roi et autres personnages vinrent nous faire les salutations du matin. Je m'habillai, et me rendis à mon tour chez Yarro, laissant mon frère au logis pour garder nos bagages. Les naturels n'ont pas une grande réputation de probité, et il nous faut avoir l'œil sur tous leurs mouvemens. Un certain nombre de mallams du Haoussa nous ont visités aujourd'hui; mais je ne crois pas qu'il soit possible de trouver nulle part un corps de mahométans plus ignorant ; pas un d'eux, même le chef, qui a l'air jeune, ne comprend un mot d'arabe.

Avant le coucher du soleil, mon frère a choisi pour le roi un présent, composé de six aunes de drap rouge, une quantité de cotons imprimés, une paire de bracelets d'argent, un miroir, deux paires de ciseaux, un couteau, deux peignes et une pipe : le tout a été reçu par sa majesté avec la plus vive satisfaction.

Yarro professe la religion mahométane, mais, peu versé dans les préceptes du *Koran*, il n'en conserve pas moins les pratiques superstitieuses de ses pères, et a peut-être plus de foi en elles qu'en sa nouvelle croyance. Des fétiches gardent l'entrée de ses maisons et en ornent les murs. Dans une des huttes nous vîmes un tabouret, d'un travail fort curieux ; il est de forme à peu près carrée. Les deux principaux côtés sont soutenus par quatre petites figures d'homme sculptées en bois. Une autre, de grande dimension, assise sur une grossière représentation d'hippopotames, est placée entre.

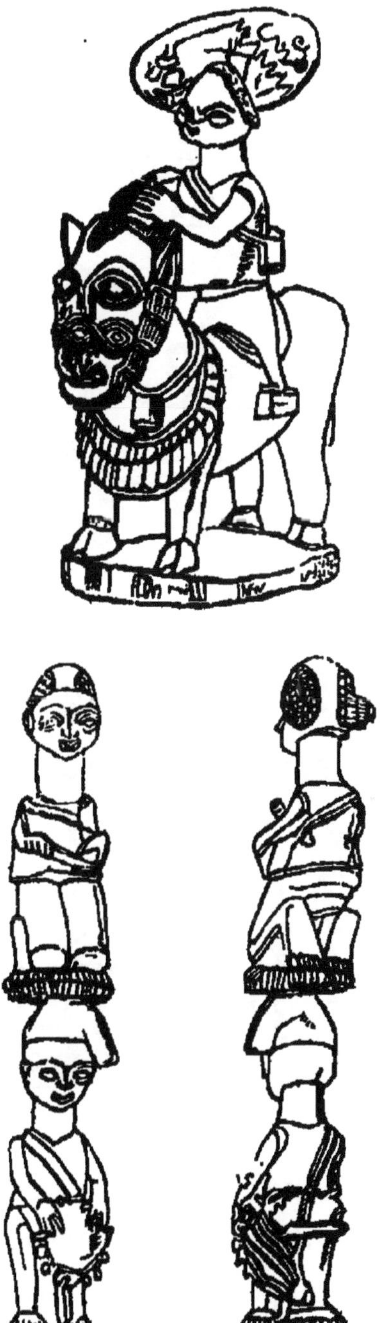

Ces images nous ont été données depuis par Yarro; et nous avons appris qu'avant d'entreprendre aucune expédition sur l'eau, les naturels demandaient protection contre les hippopotames et autres dangers de la rivière, à la principale figure qui monte un de ces animaux. Cet important personnage est accompagné de ses musiciens et gardé par des soldats. Les uns armés de fusils, d'autres d'arcs et de flèches, formaient les pieds du tabouret : dans l'ébauche ci-jointe, la figure principale a été isolée et placée en haut, afin qu'on pût la mieux voir.

Nous trouvâmes Yarro dans un appartement intérieur, seul, assis sur des peaux de buffles. On nous engagea à prendre place à ses côtés. Les murs de l'appartement étaient ornés d'assez bons portraits gravés de notre très-gracieux souverain George IV, de son royal frère feu le duc d'York, de lord Nelson, du duc de Wellington à cheval ; enfin d'un officier de dragons légers, accompagné d'une beauté anglaise, parée avec coquetterie. En face étaient suspendus des harnais et accoutremens de chevaux, entourés de sales morceaux de papier couverts de sentences tirées du Koran. A terre on voyait des mousquets, plusieurs belles lances admirablement façonnées, et une foule d'autres armes, confusément entassées près d'une large pierre de granit servant à piler le poivre. Tel était l'aspect général de la hutte du roi ; elle communiquait avec plusieurs autres où se tenaient ses femmes : jalouses de nous voir, elles y faisaient de leur mieux, et leurs yeux brillaient à travers les petites portes basses de leurs appartemens.

Lorsque nous parlâmes de nous rendre à Yaourie par la voie de Wowou et Boussa, le roi fit les plus fortes objections; alléguant que trois des esclaves qui avaient porté les bagages du capitaine Clapperton étaient restés à Wowou au lieu de lui revenir, et qu'ils avaient trouvé appui et protection dans le gouverneur Mohamed. Il était convaincu que, s'il en envoyait d'autres avec nous, il en arriverait de même. Tout ce que nous pûmes gagner de lui, c'est qu'il nous enverrait à Boussa par une autre route, de quatre jours de marche. A part ces considérations d'intérêt personnel, il est violemment irrité contre le gouverneur de Wowou, à cause des traitemens qu'il a fait subir à la veuve Zùma, amie et parente de Yarro. Elle a été obligée dernièrement de s'enfuir à Boussa, pour invoquer la protection du roi contre Mohamed.

On raconte que le père de Yarro, le feu roi de Kiama, s'était lié, pendant sa vie, de la plus profonde et de la plus sincère amitié avec un Arabe du désert. Il y avait entre eux un mutuel échange de tendresse et de prévenances; leur affection devint si grande, que le roi ne pouvait se passer de l'Arabe, et n'était heureux qu'avec lui. En témoignage de son estime, il lui donna en mariage sa fille favorite. Le fruit de cette union est la turbulente veuve Zuma, qui se trouve ainsi apparentée à Yarro. Pour revenir aux deux amis, ils s'aimèrent avec la même constance jusqu'à la mort de l'Arabe. Le roi, inconsolable de cette perte, ne put jamais s'en distraire; et l'ardeur de ses affections, jointe à l'espoir de retrouver son ami dans un autre monde, lui fit commettre un suicide. Cet exemple d'une amitié si vraie est d'autant plus touchant et remarquable, que c'est le seul dont nous ayons ouï parler dans le pays. Le roi actuel de Kiama est fort attaché à la veuve Zuma; et elle se serait certainement réfugiée ici au lieu d'aller à Boussa, si le gouverneur de Wowou, soupçonnant ses intentions, ne l'avait surveillée de près.

Dimanche, 30 *mai*. — Malgré notre intention d'observer le repos du dimanche, nous avons été forcés, cette après-midi, de nous mettre à l'ouvrage, et de nétoyer et polir un sabre et un pistolet, que le roi veut avoir en état pour la fête mahométane qui approche. Yarro nous a envoyé en même temps un dinde; plus un blaireau rôti, et une quantité d'ignames, destinés aux gens de notre suite. Ce soir, les femmes du roi ont administré à leur mari une sévère réprimande pour avoir négligé de leur offrir une portion d'une bouteille de rhum que nous lui avons donnée hier. Elles grondaient si fort et si haut, que le bruit se faisait entendre même au-dehors du mur qui entoure leurs huttes. Pour apaiser l'indignation de ces dames et réparer le dommage, je les ai priées d'accepter quelques grains de verroterie et d'autres bagatelles; mais je doute que cela puisse faire compensation.

Lundi, 31 *mai*. — On croit ici que le gouverneur de Wowou déclarera la guerre à celui de Kiama, dès qu'il saura que nous sommes arrivés à Boussa sans l'avoir visité. Quoique dans les domaines du roi de Boussa, qui passe pour le plus grand des souverains du Borgou, Wowou a dernièrement reçu un corps de cavaliers du Nyffé de 800 hommes, et, grace à ce renfort, son chef est devenu plus puissant que ses voisins. Ces soldats sont les débris de l'armée d'Edéresa (*l'Edrisi* du capitaine Clapperton), héritier légitime du trône de Nyffé. L'abandonnant à son sort, ces troupes ont déserté après des revers, et sont venues chercher un refuge à Wowou contre les fureurs de leurs compatriotes victorieux. Peu de temps après mon premier retour en Angleterre, Magia, qui est le plus jeune fils du dernier roi de Nyffé, ayant enrôlé dans son parti des soldats de Sackatou, profita de la terreur où cette nouvelle jeta son frère pour l'attaquer, défaire son armée et le chasser, ainsi que ses partisans, du pays natal. Edérésa erra long-temps sans appui. On dit qu'il a enfin trouvé un asile chez le chef d'un état voisin du royaume de Benin. Il y vit maintenent en paix et fort retiré.

A toutes les heures de la journée, nous recevons des visites d'une foule de Mallams mahométans qui habitent Kiama, ainsi que des marchands qui faisaient partie de la fatakie avec laquelle nous avons traversé la forêt. Les premiers nous ont envoyé cette après-midi deux jeunes garçons, avec mission de prier pour nous, dans l'espoir, à ce que j'imagine, d'obtenir quelque chose de plus substantiel que des remercîmens. Les enfans se sont mis à genoux, et ont récité toute la litanie qu'on leur avait apprise, sans faire de bévue; mais, nous ne leur avons donné pour récompense que quelques aiguilles; et il n'est pas probable que leurs maîtres songent dorénavant à importuner leur prophête, pour des chrétiens aussi impies et aussi peu généreux. Parmi tous les vices auxquels sont adonnés ces prêtres musulmans (et la liste en est longue), la calomnie et la diffamation jouent le premier rôle. Jamais nous n'entendons un Mallam parler de ses voisins avec un peu d'estime ou même de circonspection. A l'en croire, ce sont les plus viles créatures qui existent sous le soleil; et il n'excepte personne. « Évitez cet homme, » me dit, hier soir, un de ces vieux mahométans, d'un air capable et sûr de lui; il me montrait un de ses compagnons qui sortait de la hutte, et qu'il venait de bénir au nom d'Allah. « Croyez-moi, il saisira toutes les occasions de vous tromper; et, si vous allez jusqu'à lui confier ce qui vous appartient, il vous volera jusqu'au dernier cauris. » Le vénérable orateur avait en sa possession un certain nombre de boutons dorés, presque neufs, que nous venions de le charger de vendre, car nous sommes fréquemment obligés de subvenir ainsi à nos besoins. Ses invectives terminées, il se disposa à partir, mais dans la chaleur de l'accusation, ce juste par excellence avait négligé de serrer quelques boutons qu'il venait de nous dérober; et, comme il se levait, ils tombèrent des plis de son vêtement. Sa confusion fut évidente; nous ne voulûmes pas accroître sa honte, et il s'en alla, persuadé que la chose avait échappé à notre observation. Les boutons dorés se paient fort cher ici (de deux à trois cents cauris chaque); et, comme nous en avons une assez grande quantité, il est probable qu'ils nous seront utiles en plus d'une occasion. Les femmes s'en servent pour orner leur cou, leurs doigts, leurs poignets; et elles croient que les plus brillans sont d'or pur.

Un homme est arrivé ce soir chez le roi, pour l'informer que *Doncasson*, ex-roi du Haoussa, assisté du sheik du Bornou, a récemment repris douze villes de son ancien empire aux Fellans. Ces Fellans ont pour tradition que, lorsque Danfodio (père de Bello, et premier roi de Sackatou,) était simple berger, il fit un vœu au grand auteur du mal, lui promettant d'être à jamais son esclave s'il l'aidait à conquérir le royaume du Haoussa. La requête de Danfodio fut accueillie, disent-ils, à ses propres conditions, mais pour trente ans seulement; ce laps de temps écoulé, les aborigènes regagneront leur liberté, et rétabliront leurs anciennes lois et leurs institutions. Le terme fatal approche, et selon les habitans du Haoussa, les Fellans tremblent de peur que la prophétie ne s'accomplisse, et que l'esprit du mal, leur allié, ne les abandonne.

Mardi, 1er juin. — C'est aujourd'hui la veille

du « *Bebun Sàlah* » ou grand jour de la prière; et les musulmans de Kiama s'occupent à faire les préparatifs de la fête, qui commencera demain, et se continuera jusqu'au lendemain soir. Tous les gens de la classe aisée sont tenus de tuer un bœuf ou un mouton pour cet anniversaire. Ceux qui n'ont pas assez d'argent pour se procurer un de ces animaux entiers, doivent au moins en acheter une portion, pour honorer et célébrer dignement le Bebun Sàlah. Les Mallams mahométans ont coutume, dans cette occasion, d'égorger le mouton qui a été leur compagnon de voyage pendant les courses de l'année. Les fêtes finies, ils le remplacent par un autre que le même sort attend à pareille époque. J'ai déjà dit que les naturels se font suivre de ces animaux de préférence aux chiens.

Demain, au soleil levant, tous les Musulmans de Kiama, conduits par le roi, se rendront à un endroit, situé à environ un mille de la route de Wowou, pour y faire publiquement leurs dévotions. Au retour en ville, il y aura des courses de chevaux, et toutes sortes d'amusemens, auxquels pourront participer toutes les classes d'habitans. Ils sont déjà pleins de joie dans l'attente de ces merveilles.

Une troupe de huit ou dix tambours nous a

éveillés ce matin, au son lugubre de ces instrumens, et avec l'exclamation de « *Turawa awazhie*! » qui signifie «Homme blancs! nous vous souhaitons bonne chance; » répétés de minute en minute, d'un ton haut et perçant.

La nuit dernière, un orage de grêle et de tonnerre a éclaté sur Kiama; il a duré plusieurs heures avec une grande violence, et les torrens de pluie menaçaient d'entraîner notre hutte. Avant que nous fussions sur nos gardes, l'eau, pénétrant par la porte, avait complètement submergé nos nattes et nos couvertures, et mis à flot tout ce que contenait la chambre. Nous réussîmes, non sans beaucoup de peine, à la faire écouler; et, calfeutrant de notre mieux toutes les issues, nous avons allumé un grand feu au milieu de la hutte, et nous sommes couchés autour. Il a plu encore à verse ce matin; et, selon toute apparence, la saison pluvieuse est commencée, et va continuer. S'il en est ainsi, il nous sera à-peu-près impossible de pénétrer plus loin; et, en supposant que nous ayons le bonheur d'atteindre Yaourie, nous serons obligés d'y rester jusqu'à ce que les routes soient redevenues assez sèches et assez fermes pour être praticables. Notre seul espoir est que les pluies ne seront pas continuelles dès le commencement, et que nous pourrons encore gagner Yaourie.

Mercredi, 2 *juin*.—L'aspect menaçant du ciel a empêché les Musulmans de se rendre au lieu choisi pour leurs dévotions, d'aussi bonne heure qu'ils l'auraient voulu. Mais, les nuages s'étant dissipés, l'assemblée a eu lieu, de neuf à dix heures. Les croyans se sont rangés sur six lignes, les femmes formant la dernière. Tous étaient assis sur des gradins ou monticules de terre, qui semblaient avoir été disposés exprès. Le grand Mallam eut à peine commencé la prière, que le bruit et le bourdonnement de cette multitude cessa tout-à-coup. On eût dit qu'ils prêtaient la plus sérieuse attention; et cependant ils pouvaient tout au plus deviner le sens des paroles du prêtre, car il priait en arabe, qu'aucun d'eux ne comprend. La cérémonie ressemblait beaucoup à celle à laquelle j'avais assisté à Badagry. Les formes étaient les mêmes qui se pratiquent dans tous les pays mahométans, les ablutions, les prosternations, etc. Cependant, le roi ne se levait pas avec le reste des adorateurs, comme il eût dû le faire, il se contentait de prononcer le nom d'Allah, et ne se prosterna qu'une seule fois. La prière terminée, le chef des Mallams monta sur un tertre plus élevé que les autres, et pendant cinq minutes lut au peuple quelques pages détachées, du Koran, qu'il avait à la main. Deux prêtres, d'un rang inférieur, à genoux, près de lui, tenaient le bas de sa tobé, et un troisième, dans la même posture, tenait également le pan de derrière. Lorsqu'il eut fini sa lecture il descendit du tertre, et avec l'aide des assistans, égorgea un mouton, qui avait été lié et apporté pour le sacrifice. Le sang de la victime fut recueilli dans une calebasse; et le roi, ainsi que les plus dévoués de ses sujets, s'y lavèrent les mains, et en répandirent quelques gouttes à terre. Cette conclusion de la cérémonie fut annoncée par une décharge de quelques vieux fusils; et les gens retournèrent chez eux au bruit des fifres et des tambourins. La plupart des assistans étaient vêtus de leurs plus beaux atours. Une centaine d'hommes environ, ayant à la main des piques, des lances et d'autres armes, montés sur d'assez beaux chevaux, passablement enharnachés, faisaient bonne contenance.

Dans l'après-midi, tous les habitans de la ville, et même ceux des villages avoisinans, se sont réunis pour assister aux courses de chevaux qui ont toujours lieu, lors de l'anniversaire du Bebun Sàlah, et que chacun attend ici avec la plus vive impatience.

Avant de donner le signal, le roi, à cheval, accompagné de ses principaux officiers, a fait lentement le tour de la ville; plutôt pour jouir de l'admiration et des applaudissemens de ses sujets, que pour observer la misère et y porter remède; bien que ce soit là le but apparent de cette promenade. Une invitation du chef nous eût bientôt décidés à le suivre, pour le saluer, à son passage, d'une décharge de nos pistolets; et comme nous avions grande envie de ne rien perdre des amusemens de la journée, nous fûmes des premiers au rendez-vous; et nous vîmes tout à notre aise arriver les différens groupes, qui accouraient de toutes parts à flots pressés.

La carrière que devaient parcourir les chevaux était bornée au Nord par une chaîne de collines granitiques peu élevées; une forêt s'étendait au Midi; à l'Est et à l'Ouest se trouvaient de grands arbres touffus, entremêlés d'habitations. Les spectateurs s'étaient réunis à l'ombre de ces arbres magnifiques, et leur joie bruyante, leurs gestes animés, témoignaient de leur bonheur. Le roi n'avait pas encore paru quand nous arrivâmes sur le terrain : mais en vérité nous passions fort bien notre temps à contempler cette multitude empressée se livrant au plaisir avec tant d'ardeur, à discuter et à juger du goût des femmes, du choix de leurs ajustemens, nuancés de mille couleurs, et où elles avaient déployé toutes les ressources de leur imagination. Les épouses du chef et ses plus jeunes enfans formaient un groupe isolé près de nous, et se distinguaient de la foule par la recherche de leur costume. Des toiles de Manchester d'une qualité inférieure, mais des dessins les plus apparens, des pagnes des étoffes les plus communes dont on se sert en Angleterre pour rideaux de lit, ceignaient les reins de plusieurs de ces jeunes filles noires, qui avaient sacrifié au plaisir de briller un instant aux yeux de leurs compatriotes les gains de toute une année. Les femmes portaient au cou des colliers de verroteries, aux poignets des bracelets de différens modèles; les uns en perles de verre, d'autres en cuivre, en fer, ou de ces deux métaux mélangés. On voyait aussi à leurs chevilles des anneaux d'un travail assez précieux.

Le son éloigné du tambour annonça l'approche du roi; tous les yeux se tournèrent aussitôt du côté par lequel il arrivait. Bientôt on découvrit le cortège; et d'abord quatre cavaliers se placèrent en avant de la maison du chef, située à-peu-près au centre du terrain et à peu de distance de l'endroit où nous étions assis avec ses femmes et ses enfans. Plusieurs hommes, portant sur la tête une quantité immense de flèches dans de larges carquois de peaux de léopards, défilèrent les premiers. Ils étaient suivis par deux personnages, qu'à leurs gestes et à leurs contorsions bizarres, nous reconnûmes pour des baladins. Ceux-ci lançaient, en marchant, des bâtons en l'air qu'ils rattrapaient adroitement sans s'arrêter, et faisaient beaucoup d'autres tours d'adresse amusans et ridicules. Derrière eux, et immédiatement avant le roi, un groupe de petits garçons, presqus nus, s'avançaient en dansant gaîment, et en agitant en tous sens au-dessus de leurs têtes des queues de vaches. Enfin venait le roi, à cheval, suivi d'un nombre considérable d'hommes de bonne mine, montés sur de beaux coursiers. Puis toute la cavalcade bigarrée se posta en avant de la maison, où elle attendit de nouveaux ordres, sans mettre pied à terre. Nous jugeâmes le moment favorable pour faire notre premier salut, et fîmes trois décharges de suite. Deux soldats nous répondirent à l'instant, avec deux mousquets qui ne comptaient pas moins de cent cinquante ans d'existence.

Cependant, tous les préparatifs de la course étant terminés, les chevaux et les cavaliers parurent. Les hommes portaient des bonnets, de larges tobés, des pantalons de toutes couleurs, des bottes de maroquin rouge, des turbans de toilès de coton; bleus et blancs. Les chevaux, élégamment caparaçonnés, avaient la tête couverte de petites cloches de métal, et le poitrail orné de drap écarlate, et de glands de soie et de coton. Sous la selle était placé un large coussin piqué, recouvert de morceaux d'étoffe rapprochés et cousus ensemble, de façon à faire broderie; de petits charmes, enfermés dans du drap rouge et jaune, étaient attachés à la bride, avec de petites plaques d'étain. Les selles et les éperons étaient pareils à ceux des Arabes. Dans son ensemble ce groupe avait quelque chose d'imposant.

Le signal fut donné; les coursiers impatiens s'élancèrent, et partirent au grand galop. Les cavaliers brandissaient leurs lances, les petits enfans agitaient leurs queues de vaches, les bateleurs recommencèrent leurs danses et leurs tours, les mousquets firent feu. Le chef, monté sur le plus beau cheval, suivait de l'œil les progrès des coureurs, tandis que des larmes de joie tombaient de ses yeux. Le soleil brillait dans toute sa pompe sur les tobés vertes, jaunes, rouges bleues et blanches, qui flottaient à la brise. Ces coiffures de toutes formes et de toutes couleurs, ces lances du plus beau poli, le carillon des clochettes suspendues au cou des chevaux, ces cavaliers aux regards pleins de feu, à l'air martial, formaient un spectacle des plus extraordinaires et des plus animés. La victoire fut chaudement disputée, et la course ne finit que lorsque les chevaux furent fatigués et hors d'haleine. Mais bien que chacun eût mis la plus grande émulation à dépasser ses adversaires, l'honneur et la gloire étaient les seules récompenses des vainqueurs.

Quelques jeunes garçons entièrement nus, montés sur de petits chevaux sans selles, firent deux ou trois tours dans l'arène. Ensuite commença la seconde course qui ne nous satisfit pas à beaucoup près autant que la première. Les cavaliers s'occupaient trop de faire briller leur adresse à manier la lance et à conduire leurs chevaux. Le roi resta à cheval, pendant tous ces divertissemens, sans mettre une fois pied à terre, pour s'entretenir avec ses femmes et ses enfans, assis sur l'herbe autour de lui. Son costume était plus clinquant que riche. Il consistait en une calotte rouge perdue dans les larges plis d'un turban de mousseline blanche; deux tobés, l'une bleue, l'autre écarlate, recouvertes d'une troisième de mousseline blanche; des pantalons rouges et des bottes en cuir rouge et jaune. Son cheval semblait accablé sous le poids du cavalier, des ornemens, et des harnais qui chargeaient sa tête, son poitrail, et tout son corps. Le plus âgé et le plus jeune des fils du prince, montés sur deux superbes coursiers, se tenaient auprès de ses femmes et des autres enfans. L'aîné avait environ onze ans : le plus jeune, qui en avait à peine trois, ne pouvant se maintenir sans aide sur sa selle, était soutenu par un esclave. Ses vêtemens ne convenaient pas du tout à son âge. Sa tête était serrée dans une calotte de toile de coton qui retombait sur son visage et en cachait tout le haut, tandis que les extrémités inférieures, se rabattant sur ses joues, achevaient de le rendre invisible. Sa tobé et ses pantalons étaient taillés exactement comme ceux d'un homme fait, et deux larges ceinturons de coton bleu, croisés sur sa poitrine, serraient ses vêtemens autour de son corps ; les petites jambes du pauvre marmot étaient enfouies dans de grandes bottes jaunes, grossièrement faites, et que son père aurait mises facilement. Aussi, quoique l'enfant fût assez joli, ce grotesque accoutrement lui donnait une si étrange apparence qu'on l'eût pu prendre pour n'importe quoi, hors ce qu'il était. Quelques-unes des femmes assises à terre auprès du roi, portaient de grandes étoffes blanches qui les enveloppaient comme des linceuls. Les jeunes filles, suivant l'usage, se montraient dans un état de nudité complet; plusieurs avaient des fleurs des champs derrière les oreilles, et des cordons de verroterie autour des reins. Mais le manque absolu de vêtemens ne semblait nuire en aucune façon au plaisir que leur donnaient les jeux, et elles y prenaient part avec la même ardeur et sans plus de gêne que leurs compagnes habillées. Parmi les tobés de différentes couleurs, celles d'un cramoisi foncé faisaient meilleur effet sur les cavaliers : mais les tobés d'un blanc éclatant que portaient une centaine au moins de prêtres musulmans qui assistaient à la fête, formaient une masse éblouissante, et comme une avalanche onduleuse. Les courses se terminèrent sans le plus léger accident; le roi descendit de cheval, et à ce signal tout le peuple se dispersa.

Nous présentâmes alors nos hommages au chef, suivant les formes ordinaires, mais, quoique rien ne lui fût plus agréable que notre présence dans cette occasion, il nous accueillit avec une froideur et une réserve marquées. Un instant nous eûmes l'idée de témoigner notre mécontentement d'une pareille réception : puis, venant à réfléchir que nous n'avions droit qu'aux égards et à la politesse ordinaires, notre humeur se dissipa ; d'ailleurs, le roi était au milieu des plus jolies de ses femmes, des plus vaillans de ses guerriers, et comme il se piquait parfois, quand la chose lui convenait, d'être un rigide mahométan, il se pouvait qu'il ne vît en nous à ce moment-là que des ennemis de sa religion ; peut-être ne croyait-il pas non plus de la dignité du chef de Kiama de nous admettre à une trop grande familiarité en présence de son peuple.

Nous avons tâché de décrire, aussi exactement que possible, la physionomie d'une course de chevaux africains. Mais comment donner une idée complète de ce singulier spectacl, de tout ce qu'il y avait d'étrange, de romantique dans ces groupes nombreux, accourus de toutes parts ! Comment peindre l'équipement martial des coureurs, leur fougue et celle de leurs chevaux, la joie, le délire, l'énivrement, qui s'étaient emparés de cette multitude. Les danses et les chants ont duré toute la nuit ; et les joyeux acteurs ne songèrent certes pas à se retirer avant le jour.

Jeudi, 3 juin. — Notre hôtesse est une pauvre veuve, douce, bienveillante, et de bonne mine, quoique déjà avancée en âge. La reconnaissance n'est pas une vertu à l'usage de ces peuples. Cependant cette pauvre femme nous a exprimé sa gratitude d'une manière si vive, pour quelques bagatelles que nous lui avons données, que nous avions presque honte de leur peu de valeur. Un seul trait de ce genre fait compensation aux nombreux exemples d'insatiable avidité et de mécontentement, que nous rencontrons à chaque pas.

Derrière notre case s'élève un grand et bel arbre : ses branches et ses rejettons servent d'asile à toute une république de moineaux du pays, dont les nids, ingénieusement suspendus, se balancent dans les airs. Le gazouillement continuel de ces innocentes petites créatures, et le babil des hirondelles qui restent ici toute l'année, nous sont une récréation de tous les jours. Ce moineau est un très-bel oiseau, de l'espèce qu'à Sierra-Leone, et dans d'autres lieux, on appelle l'*Oiseau-riz*.

Nous recevons aussi la visite de tourterelles et de pigeons ramiers. Il y a quelques jours qu'une des premières, se fiant trop à la bonté de nos gens, s'aventura jusque dans leur case. Elle fut de suite prise et tuée. Le pauvre mâle, qui a été témoin de l'exécution, ne cesse de voltiger autour de notre demeure, se désolant, et se lamentant d'un ton si plaintif, qu'il nous intéresse, et nous fait grande pitié. Nous avons défendu qu'on lui fît le moindre mal.

Les murailles et les plafonds de nos cabanes recèlent un grand nombre de lézards, de différentes espèces. Il s'en trouve de noirs dont la morsure est réputée mortelle. Les naturels ont autant d'horreur de ces reptiles qu'on en éprouve en Angleterre pour les crapauds et en Italie pour la tarentule. Ce lézard noir est très-rare, et fort redouté, non-seulement à cause de son venin, mais aussi parce qu'on croit que toute personne qui en voit un, et le laisse échapper, est menacée de quelque grand malheur; si, au contraire, on parvient à le tuer, une symphonie de fifres et de tambours se fait entendre dans les airs; il y a grande réjouissance dans les régions célestes, et un événement heureux doit être la récompense de celui qui a purgé le monde d'un si grand fléau. Hier nous avons vu un lézard à deux queues; ce phénomène, dit-on, est assez commun dans le pays.

Les habitans ont employé ce jour de fête religieuse à se visiter l'un l'autre, à se promener sur les places publiques pour y étaler ce qu'ils possédent de plus beau, danser, chanter et faire de l'infernale musique. Des petits garçons et des jeunes gens sont venus de nouveau se mettre à genoux dans notre hutte, et prier Dieu pour nous; mais, comme ils n'étaient nullement importuns, et qu'au contraire toute leur conduite était remplie de douceur et de modestie, nous n'avons pas voulu les laisser partir sans donner à chacun une belle grande aiguille à faire des reprises.

La célébration du Bebun Sàlah a servi de prétexte pour nous retenir à Kiama. C'est demain le dimanche mahométan, et il nous sera impossible de nous procurer des porteurs. Nous espérions que quelques jours de repos et de bons fourrages rétabliraient les forces de nos chevaux : malheureusement il n'en est rien. Celui de mon frère surtout n'est plus qu'un squelette. Certainement, à l'exception de Rossinante, aucun cheval des temps anciens ou modernes ne s'est trouvé en plus piteux état. Sa carcasse décharnée fait peine à voir.

Vendredi, 4 *juin*. — Jamais peut-être deux peuples aussi voisins l'un de l'autre n'ont différé plus complétement dans leurs usages, leurs coutumes, et même leur nature, que les habitans du Yarriba et ceux du Borgou. Les premiers, toujours occupés à trafiquer d'une ville à l'autre; les seconds ne quittant jamais leurs demeures qu'en cas de guerre, ou pour quelqu'expédition de pillage : les uns pusillanimes et poltrons; les autres hardis, courageux, entreprenans, pleins d'énergie, ne semblant jamais plus à l'aise qu'au milieu d'exercices guerriers : les Yarribani, généralement doux, tranquilles, humbles, honnêtes, mais froids et apathiques; les Borgouni, hautains, orgueilleux, trop vains pour être civils, trop rusés pour être probes, cependant comprenant la passion de l'amour, les affections sociales, chauds dans leurs attachemens, et vifs dans leur haine.

Le roi est venu ce matin à notre case, accompagné de trois ou quatre de ses plus jeunes femmes; son but était d'obtenir de nous quelques présens; ce n'était qu'une démarche intéressée, dépourvue de toute bienveillance.

Yarro a vu tous les cadeaux que nous avons faits à ses sujets, car cet usage existe ici comme dans le Yarriba; mais, ce que n'avait pas fait le souverain de ce dernier pays, il s'est approprié tout ce qui lui a plu. Son frère même, qui est un bon jeune homme, et qui est venu avec nous de Kishi comme messager, a eu à souffrir de son égoïsme; il lui a enlevé la moitié du peu que nous lui avions donné en récompense de ses services.

Le fils aîné du roi est gouverneur d'une ville que nous devons traverser pour nous rendre à Boussa ; et il est convenu qu'il nous accompagnera jusqu'au lieu de sa résidence. L'usage est de faire aux messagers un présent proportionné à la peine qu'ils ont prise : dans le cours de la conversation, ce matin, le roi a manifesté le désir de voir ce que nous avions intention d'offrir à son fils, et il a enlevé la seule pièce de drap rouge qui en fît partie, et que nous sommes dans l'imposibilité de remplacer. Ensuite, il nous a demandé quelque médicament pour ses yeux qui s'affaiblissent ; mon frère lui a donné une dose de sel d'Epsom, et une petite seringue à injection. Il a voulu de suite faire l'expérience de l'instrument et a lancé de l'eau à la figure de ses femmes, qui ne semblaient pas prendre à ce jeu autant de plaisir que lui. Après une longue conversation sans intérêt, Yarro prit congé et se retira avec sa suite. Il est probable que nous ne le reverrons plus avant notre départ qui doit avoir lieu demain matin.

Je lui ai donné mon fusil de chasse et un pistolet. Je lui avais promis ce cadeau lors de mon premier passage, si je vivais assez pour revenir à Kiama. Je lui ai laissé aussi quelques-uns de nos boutons, les plus neufs et les mieux dorés.

Ce soir, un Fellan d'un âge très-avancé, et d'un aspect vénérable, chef d'un village à peu de distance de Kiama, est venu nous voir, accompagné de plusieurs des siens. Cette nation est dispersée sur toute la surface du territoire du Borgou, où elle réside depuis un temps immémorial. On les nomme généralement *Foulanie*. Ce nom est évidemment dérivé de *foulah*, et, quoiqu'ils parlent le même langage et se livrent aux mêmes occupations que les Foulahs voisins de Sierra-Leone, que l'on suppose être les Étiopiens blancs de Ptolémée et de Pline; cependant, ils n'ont pas la moindre idée de leur origine, ni de l'époque où leurs ancêtres abandonnèrent pour la première fois leur terre natale. Les Fellans du Borgou n'entretiennent aucune relation avec leurs compatriotes fixés dans le Haoussa. Pour prévenir les troubles et les malheurs, on ne leur permet, sous aucun prétexte, de s'armer d'une épée, ou de porter aucune arme offensive.

Il y a peu d'années qu'on voyait, à quelques milles de Kiama, un village habité uniquement par des émigrés du Nyffé, mais on prétend qu'il a été dernièrement pillé et détruit par les sujets de Yarro, qui, les premiers, ont manqué à la foi jurée envers ces malheureux, et ensuite les ont réduits en esclavage.

Le terme moyen du thermomètre de Fahrenheit a été de 84 degrés; dans notre case, il a varié de 75 à 94.

CHAPITRE VII.

Départ de Kiama. — Exemple de gratitude. — Village de Kakafungi. — Danse des naturels. — John Lander tombe malade. — La route abandonnée. — Passage de la rivière Oly. — Histoire des Fellans. — Campement. — Ouragan. — Maladie de John Lander. — Secours envoyés de Coubly. — Arrivée dans cette ville. — Présens venus de Boussa. — Le mont Cornouailles. — Guérison de John Lander. — Départ de Coubly. — Ruines. — Ville de Zali. — Arrivée à Boussa. — Réception.

Samedi, 5 *juin*. — Les adieux d'une cour africaine sont la chose du monde la plus insignifiante. Quelques expressions qu'emploient le prince et ses officiers, ils n'éprouvent pas le plus léger regret du départ de leurs hôtes. Du moins, la froideur que nous ont témoignée, presque sans exception, les principaux habitans des villes et des villages que nous avons traversés, ne peut nous laisser là-dessus aucun doute. Nous montâmes à cheval entre sept et huit heures du matin, après avoir rendu une dernière visite au roi, et lui avoir fait nos adieux. Tous bien portans et dispos d'esprit et de corps, nous défilâmes par la porte du Nord, nous dirigeant vers une ville nommée *Kakafungi*, et suivis par une multitude de gens de la plus basse classe. La monture de mon frère était un sujet de risée pour toute cette populace, qui raillait, et riait de grand cœur à la vue du piteux état du pauvre animal.

Déjà nous étions à un demi-mille des murs de Kiama lorsque, nous retournant, nous vîmes une grande et grosse femme, surchargée d'embonpoint, qui accourait vers nous à toutes jambes. Elle nous rejoignit bientôt; mais couverte de sueur et hors d'haleine. Elle voulait nous offrir un bol de lait frais qu'elle n'avait pu nous apporter à temps avant notre départ. La rapidité de sa course avait mis toute sa personne dans le plus grand désordre. Cette femme est une des chanteuses favorites du roi. Elle nous avait fourni du lait et d'autres provisions pendant quelques jours, et avait reçu en paiement quelques morceaux de clinquant. Ces dons et nos relations avec elle nous l'avaient attachée au point qu'en nous faisant ses adieux, la veille au soir, elle pleurait et sanglottait amèrement. Elle recommença de plus belle, et nous fûmes obligés de piquer des deux pour nous dérober à sa reconnaissance et épargner notre sensibilité. On nous dit depuis que tout ce chagrin n'était qu'une feinte pour nous arracher quelque cadeau, et que cette femme avait toujours abondance de larmes à sa disposition.

A droite et à gauche du sentier, il y a trois ou quatre villages Fellans, dont un de quelque étendue; mais nous ne vîmes pas un seul habitant. Nous avons presque toujours voyagé à travers une épaisse forêt, le long d'une suite de jolis coteaux; et à l'exception d'une belle plantation d'ignames que Yarro fait cultiver hors des murs de Kiama, nous n'avons pas rencontré sur notre route un seul pied de terrain en culture.

Nous sommes arrivés à Kakafungi un peu après dix heures du matin; c'est là que nous faisons halte. Cette ville n'est éloignée de Kiama que de neuf à dix milles, cependant, à en juger par le sentier qui est extraordinairement étroit et obstrué de longues herbes et de plantes sauvages, il y a bien peu de relations entre les deux cités. Kakafungi se déploie au milieu d'une plaine délicieuse; les habitations sont éparses et isolées les unes des autres, ce qui donne beaucoup d'étendue à cette ville populeuse; l'extrême propreté des habitans; leur contenance grave, décente, réfléchie; la netteté parfaite qui brille de toute part dans leurs maisons, bien distribuées, et où règne le meilleur ordre, nous avaient déjà prévenu en leur faveur avant que nous eussions échangé un mot avec eux, et notre installation dans une case très-propre et fort commode, ne fit que confirmer cette première impression. Les principaux personnages de la ville sont venus en corps nous féliciter; ils étaient suivis de jeunes garçons et de jeunes filles qui nous apportaient en présent deux chevreaux et abondance de lait et de blé concassé. Ils ont passé avec nous une grande partie du jour.

Assez tard dans la soirée, lorsque déjà tout notre monde était livré au sommeil, des chants se firent entendre, et attirèrent mon frère hors de la case; il sortit seul, et découvrit bientôt un petit groupe d'innocentes créatures, heureuses, sans soucis, qui, éclairées par la lune, dansaient gaîment au son du tambour; leur danse était toute différente de celle du Yarriba: elle semblait participer de la pantomime; à des mouvemens vifs, animés, succédaient tout-à-coup d'autres mouvemens lents et gracieux; leurs gestes expressifs peignaient un plaisir doux et calme plutôt que la passion ou l'emportement. Le jeu de leurs physionomie annonçait que le récitatif qui accompagnait ce joyeux exercice avait quelque chose de très-comique; les danseurs marquaient la mesure en frappant dans leurs mains : l'apparition d'un étranger ne causa pas le moindre dérangement, la danse continua avec la même vivacité, la même gaîté. En revenant au logis, mon frère s'égara, et ne pouvant reconnaître notre habitation, il erra longtemps au milieu des huttes et des cours, les unes désertes, les autres gardées par des chiens; ce ne fut qu'après de longues recherches qu'il nous revint, car, ne sachant pas un mot du langage du Borgou, il lui fut impossible de faire la moindre question aux habitans.

Samedi, 6 *juin*. — Ce matin mon frère était en proie à un violent accès de fièvre, et souffrant au point qu'il a été obligé de rester couché sur sa natte jusqu'au moment du départ. Entre Kakafungi et Boussa la distance est grande, et il ne se trouve sur la route que peu de villages et fort rapprochés de cette ville-ci. Nos porteurs ont employé toute la matinée à tâcher de nous procurer des vivres en quantité suffisante pour trois ou quatre jours de voyage. Une foule de peuple s'est réunie autour de notre case pour prendre congé de nous; leurs adieux et leurs vœux en notre faveur ont été fort bruyans. Mon frère était si faible qu'il fallut l'aider à monter à cheval.

Vers deux heures après-midi nous quittâmes Kakafungi, et prîmes un sentier qui se dirigeait vers le Nord, à travers un désert parfois plus stérile et plus pierreux que tout ce que nous avions jamais vu; des traces fraîches de différens animaux sauvages étaient imprimées sur la terre, mais nous n'aperçûmes que quelques antilopes qui s'enfuirent à notre approche. Les maigres arbrisseaux que nous rencontrions offraient un abri bien insuffisant contre l'ardeur du soleil, qui était vraiment accablante, et la chaleur, jointe à la longueur du voyage et à la hâte que nous étions obligés d'y mettre, accrurent encore la fièvre de mon frère : par moment il était obligé de descendre de cheval et de s'étendre sur cette terre nue et brûlante pour chercher quelque soulagement à ses maux, puis nos gens le replaçaient sur sa monture, et nous recommencions à marcher. Nous vîmes le soleil se coucher derrière de magnifiques nuages; nous avions encore beaucoup de chemin à faire, et l'étroit sentier, embarrassé de broussailles, se distinguait à peine à la clarté de la lune. Pendant la journée la forêt avait été silencieuse, mais le soir le chacal, la hyène et le babouin, sortis de leurs repaires, mêlaient leurs sinistres hurlemens au gai bourdonnement d'innombrables insectes. Mon frère et moi nous marchions en arrière assez loin du reste de nos gens, parce qu'il lui avait été impossible d'aller vite. De temps en temps nous déchargions un pistolet pour avertir les guides de notre approche; chaque détonation, répétée par les échos, occasionnait un redoublement de cris et de rumeurs parmi les animaux sauvages. Enfin, nous vîmes avec joie briller une large flamme allumée par nos gens, et nous atteignîmes le lieu où nous devions camper; nous prîmes possession pour la nuit de quelques huttes abandonnées et tombant en ruine; quantité de vases de terre brisés, de pots, de calebasses, jetés ça et là, indiquaient que peu de temps auparavant ces demeures avaient été habitées; sur les arbres environnans nous découvrîmes plusieurs immenses cornes de buffle et des bois d'une très-grande espèce d'antilope ou gazelle.

La rivière Oly, qui, dit-on, prend sa source dans l'Aschantie, passe à très-peu de distance au Nord de l'endroit où nous avons fait halte. Il paraît que dernièrement encore le sentier était fréquenté par des marchands de l'intérieur, allant trafiquer dans l'Ouest, qui évitaient, en prenant cette route, les fréquens péages établis sur celle de Wowou; mais, le chef de cette ville les ayant menacés de les punir s'ils ne traversaient ses états, leur propre intérêt les a engagés à se soumettre à ses voeux. Depuis lors la route à travers la forêt est complètement déserte, et les pauvres bateliers qui habitaient les huttes que nous occupions ont été forcés d'aller s'établir ailleurs pour trouver les moyens de gagner leur vie.

Lundi, 7 *juin*. — Le repos de la nuit semble avoir ranimé mon frère; il a repris courage, la fièvre est moins forte, il va mieux. A huit heures, après nous être baignés, nous avons traversé l'Oly dans un petit canot que nous avons trouvé attaché à un arbre. Cette jolie petite rivière, large ici de quarante pas environ, et profonde de sept à huit pieds dans le milieu, diminue de profondeur en approchant des bords; elle serpente d'une manière pittoresque à travers les bois qui l'ombragent et forment au-dessus une voûte de verdure; son cours est si lent et sa surface si unie que, pendant quelque temps, nous doutâmes de la direction qu'elle suivait. Ce matin, nous avons passé dans un endroit où, d'après le récit de nos guides, une troupe de Fellans a tué, il y a peu de temps, vingt de ses esclaves, faute d'avoir de quoi les nourrir. Ces mêmes Fellans, nous dit-on, ont pris possession d'une ville du Yarriba sur les rives de la Moussa; leur chef, Bello, les avait envoyés de Sackatou pour percevoir le tribut des villes de Raka et d'Alorie (dans le Yarriba), mais les habitans de cette dernière refusèrent de leur ouvrir les portes, et se déclarèrent indépendans des Fellans. Comme la petite troupe désapointée traversait le Borgou pour s'en retourner, le roi de Kiama fit défense à ses sujets de leur vendre aucune provision, de sorte qu'ils furent obligés de se frayer un chemin à travers ce long et stérile désert sans prendre de nourriture. Nous remarquâmes un grand nombre de trous creusés par ces malheureux dans l'espérance de trouver quelques ignames sauvages qui abondent dans la forêt, et nous vîmes aussi la trace des feux qu'ils avaient allumés pour préparer ce maigre repas. Nul doute qu'ils n'aient été réduits à une cruelle extrémité avant d'en venir à tuer leurs esclaves, et peut-être le nombre des victimes a-t-il été fort exagéré; car les naturels, ennemis jurés des Fellans, s'empressent de prévenir les étrangers contre eux, et de propager des histoires à leur désavantage, qui ne doivent être accueillies qu'avec beaucoup de circonspection. Du reste, nous vîmes un squelette d'homme sur le bord du chemin.

Après une longue et pénible marche, sous les rayons d'un soleil ardent, nous dressâmes notre tente, le soir, au bord d'un petit ruisseau. Mon frère était fort malade; la fièvre était revenue avec redoublement; mais je ne pus lui administrer d'autre remède qu'un peu de poudre de *soda*, car je craignais de nous attarder. Un orage, qui se formait au-dessus de nos têtes, éclata avec une effrayante violence, peu de minutes après que la tente fut dressée; et tant qu'il dura, nous fûmes tristement préoccupés de notre situation pénible, et de notre isolement. Le bruit assourdissant du tonnerre, répété par les échos des montagnes; la lueur livide des éclairs, les torrens de pluie, et l'impétuosité du vent, étaient d'une solennité à glacer l'âme d'effroi. Toute notre petite troupe, composée de vingt personnes, s'était réfugiée sous la tente, pour y chercher un abri, et quoique l'eau y pénétrât de toutes parts, chacun fit de son mieux pour dormir jusqu'au matin.

Mardi, 8 *juin*. — Nous fûmes obligés de garder toute la nuit nos vêtemens mouillés, ce qui aggrava encore les souffrances de mon frère, et le matin, je m'efforçai vainement de lui rendre du courage; à peine pouvait-il se tenir debout. La tente mouillée fut repliée, et les porteurs se remirent en marche, et pressèrent le pas, car nos provisions étaient consommées, et nous avions hâte d'atteindre le but de notre voyage. Cette disette venait de la négligence de Paskoe, qui ne s'était muni de vivres que pour un jour au lieu d'en prendre pour trois. Mon frère et moi, nous suivions lentement avec le vieux Paskoe et un autre homme de notre suite. Nos chevaux étaient épuisés de lassitude, et l'un d'eux boîtait. A mesure que nous avancions mon frère se sentait plus mal, et, hors d'état de se tenir à cheval plus long-temps, il fut obligé de descendre et de se coucher par terre. Il n'y avait pas un seul arbre en vue qui pût l'abriter du soleil, mais nos gens nous ayant procuré quelques maigres branchages, je les arrangeai de manière à lui donner un peu d'ombre, et je lui fis un lit avec les housses de nos chevaux. Le coassement des grenouilles nous indiqua qu'il y avait de l'eau à peu de distance; nous en trouvâmes en effet.

Durant tout le reste du jour, mon frère alla en empirant, mais la fraîcheur du soir sembla le ranimer un peu. Notre petite pharmacie était en avant avec le reste des bagages ; j'ai envoyé Paskoe la chercher ; je n'attends son retour que demain. Pendant ce temps j'entrai dans le bois, et tuai le seul oiseau que je vis ; il était à peu près de la grosseur d'un moineau. De retour, j'allumai du feu, et je fis un peu de bouillon dans un bol, contenant une demi-pinte, et que nous avions gardé de préférence à une calebasse, pour boire pendant la route quand nous rencontrions des ruisseaux. Le bouillon n'était pas très-savoureux faute de sel, néanmoins il fit du bien à mon frère; je partageai la chair de l'oiseau avec l'homme qui nous accompagnait, car nous étions tous deux affaiblis par le manque de nourriture. Nous trouvâmes moyen de construire un abri plus commode pour notre malade, en ajustant autour de lui quelques fortes branches d'arbres, et les entremêlant de longues herbes, en guise de chaume; puis nous allumâmes de grands feux pour éloigner les animaux sauvages. Mais aucun de nous ne put dormir; indépendamment de nos souffrances et de notre inquiétude, nous fûmes assaillis par des myriades de mosquites et d'insectes bourdonnans. Pendant la nuit, un tigre, en cherche de sa proie, nous approcha d'assez près pour que nous pussions le distinguer.

Mercredi, 9 *juin*. — Malgré tant de fatigues, et si peu de repos, mon frère avait moins de fièvre ce matin, et il se trouva même tellement rafraîchi et fortifié, qu'il put aller à la découverte de nos chevaux, qui s'étaient égarés pendant la nuit. Les ayant retrouvés, nous fîmes de suite les préparatifs nécessaires, et nous remîmes en route. Au bout d'une heure, nous aperçûmes Paskoe, venant au-devant de nous avec cinq hommes, qui nous apportaient du blé, du lait et de petits gâteaux, faits de grain broyé et de miel. Le gouverneur de *Coubly*, ville vers laquelle nous nous dirigions, nous envoyait aussi obligeamment un cheval et un hamac pour mon frère. Le cheval devait le porter à travers quelques ruisseaux, dont les bords étaient trop escarpés et trop rabotteux pour que les porteurs du hamac les lui fissent passer. Il se trouva assez fort pour refuser l'aide de ces derniers, mais accepta le cheval avec reconnaissance. Nous repartîmes alors gaiement tous ensemble; il était environ dix heures et demie du matin : et, faisant de temps en temps une petite halte, pour que mon frère pût se reposer, nous arrivâmes près de Coubly, peu après le coucher du soleil, sans éprouver la fatigue extraordinaire que nous avions crainte. En dehors de la ville, sont épars un grand nombre de hameaux fellans, construits sur un terrain marécageux. Notre attention fut attirée par une quantité de mouches lumineuses, qui voltigeaient au-dessus du marais, et se mêlaient de loin aux lumières scintillantes des cases ; c'était d'un effet charmant. Pendant le voyage, nous avions traversé plusieurs ruisseaux et gravi trois ou quatre collines ; le sol de celles-ci est sec et stérile, mais les vallées qui les séparent paraissent d'une grande fertilité. En approchant de Coubly on est incommodé par les exhalaisons d'une quantité de substances végétales en dissolution ; et par une forte odeur de musc dont l'air est par momens imprégné.

Nous nous présentâmes chez le gouverneur, pour le remercier de ses attentions ; on ne nous retint que peu de minutes, et n'ayant pu le voir, nous nous rendîmes à la case qui nous avait été préparée. Bientôt après mon frère fut encore saisi d'un violent accès de fièvre.

Jeudi, 10 *juin*. — Le gouverneur nous a envoyé une jatte de riz, un bol de lait, deux calebasses pleines de beurre, et un bœuf, jeune et gras. J'étais trop inquiet de la santé de mon frère, trop occupé des moyens de le soulager, pour penser à autre chose ; aussi je n'envoyai rien au gouverneur en échange de ses présens, et promis le lendemain de le visiter. J'administrai dix grains de calomélas à mon malade; après quoi il tomba dans un état de stupeur et d'insensibilité, qui dura jusqu'à cette après-midi. Vers le soir, il redevint plus mal, et je m'attendais à chaque instant à le perdre. Dans les courts intervalles de raison que lui laissait son délire, il semblait avoir le sentiment de son danger, et s'occupait d'arrangemens relatifs à sa famille. Ma situation, dans ces momens-là, était trop pénible pour pouvoir la décrire. Le malheureux sort de mon maître, le capitaine Clapperton, me revenait sans cesse à l'esprit. Je l'avais suivi dans cette contrée, où il était mort; j'avais assisté à sa dernière agonie; j'avais rendu à sa dépouille le dernier hommage de respect; et l'idée que j'aurais peut-être bientôt un pareil devoir à remplir pour mon propre frère, me jetait dans un affreux désespoir.

Vendredi, 11 *juin*. — Entre onze heures et minuit, j'eus le bonheur de voir la maladie prendre un tour plus favorable, et vers le matin mon frère devint tranquille, et ses souffrances se calmèrent. Deux messagers, arrivés de Boussa pendant la nuit; furent suivis, ce matin, d'un troisième envoyé à cheval, nous apportant de la part de la reine quantité d'ognons. Le roi leur a donné l'ordre d'attendre notre départ, et de nous escorter jusqu'à Boussa, située, à ce que l'on dit, à deux journées de marche de Coubly, quoique Yarro nous eût donné à entendre que la distance d'une ville à l'autre n'était que de quelques toises.

Le gouverneur a été fort importun dans ses instances près de mon frère pour le décider à lui vendre un de ses pistolets. Comme rien ne peut nous être aussi utile qu'un cheval, il nous en a offert un en échange de celui que mon frère montait mercredi. Il eût beaucoup mieux aimé nous donner un jeune esclave qu'un cheval, mais cela ne nous convenait point, et il a consenti à céder l'animal, à condition que nous ajouterions quelques petites choses au don du pistolet; ce qui a été accordé, et le marché est conclu.

Samedi, 12 juin. — La santé de mon frère se rétablit à vue-d'œil. Aujourd'hui, une vieille femme est venue nous demander une drogue, qui pût lui faire pousser un ratelier neuf, et bien conditionné. « Si j'avais seulement, » nous dit-elle, « deux larges et fortes dents, je m'en contenterais. » Elle devenait très-importune et presque impertinente; je lui conseillai de se faire faire deux dents en fer par un forgeron; cette mauvaise plaisanterie l'a mise en fureur, elle nous a quittés pleine de dépit et de colère. Le gouverneur nous approvisionne abondamment de lait et de riz.

Coubly est bâtie sur le penchant d'une montagne qui a la forme d'un cône, dont la base est très-large, et que l'on voit distinctement à une distance de plus de trente milles du côté de l'Ouest. Nous avons nommé cette montagne du nom de notre pays, le *Mont Cornouailles*. La ville est fortifiée par un rempart de pieux, enfoncés en terre et placés tout près les uns des autres; malgré cette défense, les Fellans l'attaquèrent et la prirent, il y a environ quatre ans. Depuis lors, le gouvernement paie, dit-on, un tribut annuel au roi Bello. Les habitans cultivaient quantité de riz et de blé, maintenant on ne peut, à aucun prix, se procurer cette dernière denrée dans la ville, par suite de la perfidie et de la rapacité des Fellans, qui, en quittant le pays, emportèrent non-seulement tout le grain récolté, mais arrachèrent et détruisirent celui qui croissait dans les champs. Le peuple commence à se remettre des effets de cette méchanceté. Plus de mille Fellans sont établis avec leurs troupeaux, dans les plaines qui avoisinent la ville, mais leurs mœurs diffèrent totalement de celles de leurs compatriotes maraudeurs ; ils entretiennent des relations amicales avec les naturels de Coubly.

Dimanche, 13 *juin*. — La nuit dernière, nous avons été visités par un orage; la pluie pénétra à travers le toît de notre hutte et nous fûmes presque inondés. La santé de mon frère continue à se rétablir.

Quoique ce soit jour de repos, j'ai été obligé d'envoyer ce matin Paskoe à la chasse de quelque pintade ; car des scrupules religieux empêchent les habitans de nous céder aucune espèce de volaille. Il est revenu assez vite et avec du gibier ; les pintades abondent dans les champs et les bois qui entourent la ville.

Lundi, 14 *juin*. — La vieille épouse du gouverneur est arrivée ce matin de Boussa, où elle était allée en quête de trois femmes esclaves qui s'étaient enfuies de chez elle, il y a environ quinze jours ; elle a ramené les fugitives, qui sont maintenant enfermées et aux fers. Dès que la vieille dame a su notre arrivée, elle nous a envoyé un mouton et une calebasse de miel ; et peu après, elle est venue en personne nous visiter : nous avons pris cette occasion de lui faire quelques présens en échange des siens. Son établissement est tout-à-fait distinct de celui de son mari, le gouverneur, qui n'y exerce pas le moindre contrôle. On dit qu'elle est fort riche, et possède un grand nombre d'esclaves. Rien ne peut surpasser la bienveillance du chef et ses bons procédés à notre égard.

Mardi 15 *juin*. — Mon frère est, grâce à Dieu, entièrement remis de la maladie cruelle qui a failli me l'enlever. Ce matin de bonne heure, après avoir présenté nos respects au gouverneur, et l'avoir remercié de son accueil hospitalier, nous avons quitté Coubly. Notre route suivait la direction du Sud-Est, et nous voyagions à travers une épaisse forêt, gravissant des montagnes, et franchissant de profondes vallées. A midi, nous fîmes halte pour le reste du jour au milieu des ruines d'une grande ville qu'on nous dit être abandonnée depuis peu par ses habitans. Près des débris d'une muraille nous vîmes un crâne humain, et d'autres ossemens blanchis par le soleil. Cette circonstance nous inspira le désir de connaître le sort de ceux qui avaient fui, et le motif de cette désolation. Un de nos guides satisfit notre curiosité, en nous contant que la ville avait été surprise et pillée par des Fellans, qui avaient passé au fil de l'épée tout ce qui avait fait résistance, et emmené le reste en esclavage. La population devait être considérable, à en juger par l'étendue des ruines, qui sont situées au milieu d'une belle et vaste plaine, verdoyante, et ornée de grands arbres. Elles servent aujourd'hui d'habitation à une grande quantité d'oiseaux, et à des troupes de singes, qui délogèrent gravement au bruit d'un coup de fusil que nous tirâmes. Un de nos chevaux est mort ici; il était notre compagnon de voyage depuis Jenna; un autre est si faible qu'il ne peut faire un mille de plus; et nous le laisserons en arrière, car nous ne pouvons nous résoudre à le tuer; le troisième n'a que bien peu de jours à vivre. L'affection de ces pauvres animaux les uns pour les autres est extraordinaire.

Le messager de Boussa est allé cette après-midi à un petit village près des ruines, et nous a ramené, au bout de quatre heures, une excellente jument qu'il avait empruntée pour nous au gouverneur. Le soir, nous dressâmes la tente; nos gens se construisirent, pour la nuit, de petites huttes de gazon; et, après avoir allumé plusieurs grands feux autour de notre campement, chacun se retira pour prendre du repos.

Mercredi 16 *juin.* — Ce matin, avant le lever du soleil, est arrivé un homme à cheval; il a examiné pendant quelques minutes tout ce qui nous entourait, sans expliquer ses intentions, ni même proférer un seul mot; puis, comme nous voulions l'interroger, il est reparti au grand galop, et a repris la route par laquelle il était venu. Nous supposons que c'est un envoyé du roi de Boussa qui vient s'assurer de notre approche, car on dit que ce souverain nous attend avec beaucoup d'anxiété. A six heures du matin, nous avons quitté les ruines, et continué notre voyage en bonne disposition d'esprit. La contrée que nous parcourions était boisée; mais le sol sec et stérile. Nous vîmes à droite et à gauche les ruines de plusieurs villages déserts, qui autrefois bordaient le sentier; et, entre neuf et dix heures du matin, nous entrâmes dans une jolie petite ville, nommée *Zali*, mot qui veut dire « fil » dans la langue du pays. Elle est entourée d'une bonne muraille de terre parfaitement solide, fortifiée de tourelles, et beaucoup mieux défendue que toutes celles que nous avons vues jusqu'ici. En dehors de l'enceinte règne un fossé large et profond.

Zali est située dans un vallée riche et pittoresque, formée par une triple rangée de hautes collines qui s'étendent de l'Est à l'Ouest. Il y a un an que les Fellans, conduits par l'espérance du pillage, y entrèrent à l'improviste, tandis que les hommes étaient occupés à travailler dans les champs ; mais, les femmes ayant donné l'alarme, tous les habitans revinrent en troupe, et chassèrent les envahisseurs, avant qu'ils eussent eu le temps de faire aucun dégât.

Le gouverneur nous a envoyé une chèvre, une volaille, une calebasse de riz et quantité de grains pour les chevaux. Zali contient environ mille habitans.

Jeudi, 17 *juin*. — Dès ce matin, à l'heure accoutumée, nous étions à cheval, mais nos porteurs nous firent un peu attendre en dehors des murailles. Une forte averse était tombée pendant la nuit, et le sentier à travers la vallée était couvert d'eau, ce qui rendit le voyage moins sûr et moins agréable que nous l'avions espéré.

Nous vîmes sur le chemin une incroyable quantité de crabbes de terre ; ces animaux sont regardés par les naturels, comme une excellente nourriture. A neuf heures, nous découvrîmes, du haut d'une éminence, la montagne en pain de sucre, près de Wowou, et qui, si ma mémoire ne me trompe pas, fut appelé *Georges IV* par le capitaine Clapperton. Elle était à droite de notre chemin : à gauche, un de nos guides nous montra deux collines qu'on distinguait à peine à cause de l'éloignement ; il nous dit qu'à leur base était située la ville d'Yaourie.

En quittant Zali nous nous étions dirigés au Sud-Est. Bientôt nous arrivâmes à une vaste plaine, sur laquelle étaient dispersés quelques arbres magnifiques et vénérables par leur antiquité. De nombreux troupeaux de gazelles ou antilopes, paissaient, et se dispersèrent en bondissant, au bruit de plusieurs coups de fusil que nous tirâmes. Là nous aperçûmes pour la première fois la cité de Boussa; elle était juste en face de nous, à la distance de deux ou trois milles, et paraissait formée de groupes de huttes isolés entre eux. Mais quelle fut notre surprise, en approchant davantage, de voir que Boussa était située en terre ferme, et non sur une île du Niger, comme l'a dit le capitaine Clapperton. Nous ne découvrîmes rien qui pût motiver une pareille assertion. A dix heures nous entrâmes dans la ville par la porte de l'Ouest, et fîmes une décharge de nos armes comme signal de notre arrivée. Après avoir attendu quelques minutes, nous fûmes introduits près du roi, que nous trouvâmes dans un appartement intérieur, avec la *midiki*, titre donné à la première de ses femmes ou à la reine. Ils nous accueillirent tous deux avec cordialité, et nous dirent gravement, et en prenant une contenance mélancolique,

que le matin même ils avaient donné des larmes à la mort du capitaine Clapperton, dont ils ne cesseraient jamais de déplorer la fin prématurée. Peut-être disaient-ils vrai; mais, comme en entrant nous n'avions aperçu en eux aucun signe de douleur, nous mîmes un peu en doute cette grande sympathie. Paskoe étant resté en arrière, la conversation se borna à quelques remarques générales; et, ayant pris congé, nous nous rendîmes à la case qui avait été disposée pour nous. Le soir, du riz, du poisson, de la viande, du blé et différens mets du pays, nous furent envoyés pour souper.

FIN DU PREMIER VOLUME.

TABLE DES MATIÈRES

CONTENUES

DANS LE PREMIER VOLUME.

CHAPITRE PREMIER.

CHAPITRE II.

CHAPITRE III.

Pag.

CHAPITRE IV.

CHAPITRE V.

CHAPITRE VI.

CHAPITRE VII.

FIN DE LA TABLE DU PREMIER VOLUME.

www.ingramcontent.com/pod-product-compliance
Ingram Content Group UK Ltd.
Pitfield, Milton Keynes, MK11 3LW, UK
UKHW020305230726
13925UKWH00001B/223